AF558458

Altes Wissen *aus Garten und Küche*

1. Auflage Mai 2024
2. Auflage Juni 2024

Lektorat: Lilian Stein

Umschlaggestaltung, Satz und Layout: Karas Grafik, Wien

ISBN: 978-3-98992-008-8

Gerne senden wir Ihnen unser Verlagsverzeichnis
Kopp Verlag
Bertha-Benz-Straße 10
D-72108 Rottenburg
E-Mail: info@kopp-verlag.de
Tel.: (0 74 72) 98 06–10
Fax: (0 74 72) 98 06–11

Unser Buchprogramm finden Sie auch im Internet unter:
www.kopp-verlag.de

EVA HERMAN

Altes Wissen

aus Garten und Küche

Inhaltsverzeichnis

Vorwort 7

KAPITEL 1: **Unser Garten: Von der Aussaat bis zur Ernte** 20

Lieblingsgemüse: Von der Aubergine bis zur Zucchini 23

Die besten Mischkulturen im Gemüsebeet 39

KAPITEL 2: **Ungebetene Gäste: »Schädlinge« im Garten** 42

Erste Begegnungen mit Schädlingen 44

Der Besuch der Trauermücke 45

Ungebetener Besuch von Läusen 51

Die Nacktschnecke – nicht gerade eine Sympathieträgerin 58

Der Kartoffelkäfer 60

Erdflöhe 68

Spinnmilben 69

Ameisen 71

Kohlweißling 74

Wühlmäuse 78

KAPITEL 3: **Unsere sieben Lieblingsheilkräuter** 82

Regeln für den rechten Umgang mit Kräutern 85

Ackerschachtelhalm, *Equisetum arvense L.* 87

Einfacher Beifuß, *Artemisia vulgaris agg.* 97

Wermut, *Artemisia absinthium* 105

Einjähriger Beifuß, *Artemisia annua* 111

Brennnessel, *Urtica dioica* oder *Urtica urens* 116

Huflattich *Tussilago farfara L. Tussilago* 128

Löwenzahn, *Taraxacum sect. Ruderalia* 138

Wegerich, Spitzwegerich, *Plantago lanceolata* 150

KAPITEL 4: **Jetzt geht's ans Eingemachte!** 160

Marmelade und Gelee 166

Säfte und Sirup 169

Einmachen 171
Fermentieren 176
Pickeln 181
Suppengewürz 183
Brot im Glas 187
Der Erdkeller 189

KAPITEL 5: Unsere Hühner – von Andreas Popp 198
Der Stall und das Gehege 203
Wo besorgt man sich die Hühner? 206
Hahn? Ja oder nein? 210
Das Futter 215

KAPITEL 6: Brot backen 216
Hefe 219
Sauerteig 228
Brotrezepte 231

KAPITEL 7: Outdoor, Krisenvorbereitung 238
Kelly Kettle 241
Raketenofen 244
Die Sturmlaterne (Petroleumlampe) 248

Resümee 250
Literaturverzeichnis 252
Bildquellen 254
Autorin 256

Symbolerklärung

Hustensaft · Spray · Elixier · Honig · Ungeziefer
Tee · Dosierung · Getränke · Quiche · Rund ums Brot
Pikantes · Salbe · Kosmetik · Alkohol
Bad · Wickel · Fußbad · Pulver

Ihr Lieben,

immer mehr Menschen träumen von einem Leben auf dem Land. Nach einigen Jahrzehnten, die ich selbst in Großstädten wie München und Hamburg verbracht hatte, spürte ich ebenfalls, dass mir etwas fehlte zwischen den zahllosen Häusern und viel befahrenen Straßen. Ich vermisste die Verbindung zur Natur, den Duft von Wäldern, den direkten Kontakt zu Mutter Erde, zu Pflanzen und Blumen. All das fehlte mir mehr und mehr.

Einen Teil meiner Kindheit habe ich in einer kleinen Stadt am Rande des Harzes verbracht, einige weitere Jahre in völliger Abgeschiedenheit auf einem der höchsten westlichen Harzberge, auf dem meine Eltern ein Ausflugslokal betrieben. An diesem Ende der Welt war ich mit ihnen, meiner Schwester sowie einigen großen Hunden oft stundenlang in der Natur unterwegs. Dabei hatten wir so manche unerklärliche Begegnung. Nicht selten konnte ich aus den Augenwinkeln heraus Bewegungen ausmachen, die bei genauem Hinschauen sofort wieder verschwanden. Aber da war doch was, dachte ich oft, was mochte es wohl gewesen sein?

Heute ist mir klar, dass dies glückreiche Begegnungen mit den Wesenhaften gewesen sein mussten, mit den kleinen und größeren unsichtbaren Naturwesen. Viele Menschen wehren sich heute immer noch gegen diese *Märchenfiguren*, sie wollen und können nicht an derartig *Verrücktes* glauben und schieben solche Gedanken lieber in das Reich der Fabeln und Legenden. Offenbar haben sie sich noch nie die Frage gestellt, wie die Bäume, die Sträucher, die Blumen, die Gemüse- und Obstpflanzen wachsen. Sie wachsen eben einfach von allein, ist meist die lapidare Antwort. Aber stimmt das wirklich? Natürlich nicht.

Als ich vor etwa 20 Jahren ein Buch in die Hände bekam, worin genau geschildert wurde, wie diese Wesenhaften einstmals, vor Urzeiten, schon unsere Welt erbaut haben, und wie sie bis zum heutigen Tage und auch morgen und übermorgen die gesamte Natur, alle Entwicklung, jedes Wachstum, jedes Gedeih, lenken, steuern, hegen und pflegen, da wurde mir klar, dass ich einer ganz wichtigen Sache auf der Spur war. In besagtem Buch, der Gralsbotschaft *Im Lichte der Wahrheit* von Abd-ru-shin, heißt es dazu:

*»Es sind die **Kleinen,** denen wir uns zuwenden wollen. Von den Elfen, Nixen, Gnomen, Salamandern habt Ihr oft gehört, die sich mit der Euch sichtbaren Grobstofflichkeit der Erde hier beschäftigen, wie auch in gleicher Art auf allen anderen grobstofflichen Weltenkörpern. Sie sind die dichtesten von allen und deshalb auch für Euch am leichtesten zu schauen.*

*Ihr **wißt** von ihnen, aber Ihr kennt noch nicht ihre tatsächliche Beschäftigung. Ihr glaubt wenigstens schon zu wissen, **womit** sie sich befassen; es fehlt Euch aber jede Kenntnis darüber, in welcher Weise deren Tätigkeit erfolgt und wie diese schöpfungsgesetzmäßig bedingt sich allezeit vollzieht.«*

Als ich damals diese Zeilen las, war ich wie elektrisiert. Denn schon unsere Mutter hatte stets von diesen Wesen berichtet, sie hatte die seltene Gabe, die Kleinen immer wieder einmal mit ihren Augen erblicken zu können. Uns Kindern hat sie schon früh darüber berichtet und mir als kleinem Kind wohlwollend zugestimmt, als ich einmal selbst staunend einen Elfenreigen um einen blau blühenden Hortensienbusch erblickt hatte. »Ja«, hatte sie geantwortet, »die kleinen Elfen schweben wie in einem Ring um die Blumen herum. Und es sind die einzelnen kleine Elfen persönlich, welche die Blü-

Kleine Elfen formen Blütenblätter mit ihren Händen

tenblätter mit ihren Händen formen und prächtige Blumen entstehen lassen.« In der Gralsbotschaft heißt es erklärend dazu:

»Mit großer Genauigkeit, die Ihr Euch nicht einmal denken könnt, erfolgt die Ausführung der zugeteilten Arbeit, weil auch das anscheinend Winzigste unter den Wesenhaften ***eins*** *ist mit dem Ganzen und deshalb auch die Kraft des Ganzen durch dieses wirkt, hinter dem der* ***eine*** *Wille steht, fördernd, stärkend, schützend, führend: der Gotteswille!«*

Eventuell wundern sich jetzt einige Leser, warum ich diese Schilderungen für ein Buch wie dieses voranstelle. Die Erklärung ist: Nichts auf dieser Welt kann sich entwickeln, nichts wachsen und gedeihen, keine Blüte zur Knospe und dann zur Frucht werden, die wir dann dankbar ernten dürfen, ohne unsere fleißigen Wesenhaften. Ihnen widme ich dieses Buch in großer Dankbarkeit.

Inzwischen darf ich sagen, dass wir mit ihnen, den Elfen und Wichteln, in unserem Garten und im Gewächshaus Hand in Hand arbeiten. Wir sprechen mit ihnen, loben sie, versuchen sie zu motivieren, indem nichts, was den Pflanzen und der Erde gefährlich werden könnte, verwendet wird, also keine Chemie, keine Pestizide, keine giftigen Dünger. Vor allem aber danken wir ihnen immer wieder für ihren Fleiß, ihre Zuverlässigkeit, ihre Treue.

Die Wesenhaften haben uns inzwischen viel gelehrt, auch, dass wir komplett ohne künstliche, chemische Hilfsmittel auskommen können, denn der herrliche Schöpfungsgarten hält alle natürlichen Mittel gegen ungebetene Gäste, die sogenannten Schädlinge, Schnecken, Flöhe, Wühlmäuse bereit. In diesem Buch haben wir dem Thema ein ausführliches Kapitel gewidmet.

Es ist etwa zehn Jahre her, als Andreas Popp und ich an die Ostküste Kanadas auswanderten. Wir leben hier auf einer kleinen, nur dünn besiedelten Insel im Atlantik, inmitten der wunderschönen und starken, kraftspendenden Natur.

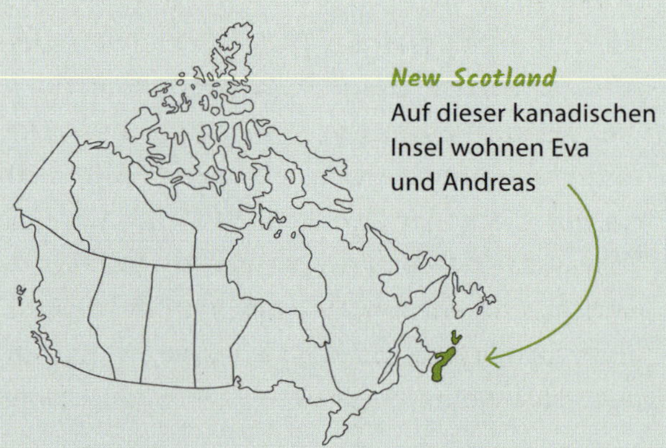

New Scotland
Auf dieser kanadischen Insel wohnen Eva und Andreas

oben: Bohnenfee

Fauna und Flora gleichen unserem Herkunftsland, wir stammen beide aus Niedersachsen, wo eine sehr ähnliche Vegetation zu finden ist. Die Wälder hier an der maritimen Ostküste bestehen aus Laub- und Nadelbäumen, an den Wegesrändern wächst der uns schon lange vertraute Spitz-und Breitwegerich, die Frühlingswiesen sind leuchtend gelb, weil der herrlich gesunde, starke Löwenzahn auch hier weitverbreitet seine segensreichen Inhaltsstoffe an die Tiere und wissende Menschen verschenkt.

Wir brauchen uns nicht umzugewöhnen, wenn sich die vier Jahreszeiten hier genauso abwechseln wie einst zu Hause in Deutschland. Die Temperaturen im Sommer sind mit denen in Mitteleuropa vergleichbar. Im Frühjahr werden auch hier Saatkartoffeln und Zwiebeln in die Erde gesteckt, um im Spätsommer die Ernte einholen zu dürfen.

Und so wurde ich, damals noch als ausgewiesener Gartenneuling, wurde auch mein Herz, auf wundersame Weise mit der herrlichen Natur verbunden. Nach einem Karriereleben voller Termine und Hektik, in dem ich

kaum Zeit hatte, einmal ruhig durchzuatmen, erlebte ich, als es ein bisschen ruhiger wurde, die Natur hier auf unserer recht einsamen Insel ganz anders: Ich spürte wohltuende Kraft und Segen, überlegene Stärke und Weisheit, ich fühlte die Macht des Schöpfers zum Greifen nahe.

Nun empfand ich den Wind, der hilfreich die knospenden Blumen umwehte, um ihnen das Aufspringen zur Blüte erleichtern, als meinen Verbündeten. Plötzlich nahm ich die wärmenden Strahlen der Sonne intensiv wahr, nach der sich alle Pflanzen und Bäume seit allen Urzeiten emporrecken und daran stetig emporwachsen. Der spendende Regen wurde zu meinem Freund, tränkt er doch von Anbeginn dieser Schöpfung alle Lebewesen in dieser außergewöhnlich schönen Welt. Wenn der Herbststurm die Blätter von den Büschen und Bäumen fegt, dann stelle ich mich gerne dazu und lasse mir alle unnötigen und beschwerenden Gedanken aus dem Gemüt pusten. Ich breite froh meine Arme aus und sage unserem Schöpfer »Danke!«

Ja, dies ist der Weg, den wir gehen dürfen, um in die tiefe Verbindung mit der Natur zu treten. Es ist eine der schönsten Entwicklungen, die uns Menschen freisteht. Sie steht tatsächlich *jedem* Menschen frei.

Heute bauen wir längst unser eigenes Gemüse an, Hand in Hand mit unseren wesenhaften Freunden. Andreas ist zum Hühnerbauern geworden und führt eine fröhlich gackernde Hühnerschar an. Er freut sich am stetig wiederkehrenden Kräftemessen mit unserem Hauptgockel Klaus, worüber er in diesem Buch in seinem Hühnerkapitel ausführlich berichten wird. Wir dürfen die wohlschmeckenden Eier froh verzehren und zu köstlichen Gerichten verarbeiten. Mit diesen reinen Bio-Eiern haben wir uns in unserem Freundeskreis sehr beliebt gemacht.

Als Selbstversorger ist es wichtig, Erfahrungen zu machen, aus denen wir lernen können. Unsere ganz normalen Anfängerfehler gehö-

ren einfach dazu und lassen uns immer ein Stückchen weiter reifen. Natürlich braucht man nicht unbedingt einen großen Garten, auch ein Balkon oder eine Terrasse eignen sich hervorragend, um zu einem glücklichen Hobbygärtner zu werden.

Die Wesenhaften begleiten uns bei all unserer Arbeit, egal ob auf dem Acker oder am Balkonkasten. Eines ist sicher, Ihr Lieben: Wenn Ihr die Verbindung zu diesen wundervollen kleinen Naturerbauern sucht, so werdet ihr sie finden. Sie sind die eigentlichen Bauherren der Schöpfung, durch ihre Arbeit erst wird jegliches Wachstum möglich: Ein Korn wird in die Erde gegeben, Wind und Wetter pflegen das Erdbett, eine Pflanze erscheint, reckt sich ins Licht. Sie wächst und wächst, eben durch die unermüdliche Arbeit der kleinen Unsichtbaren.

Demut und Ehrfurcht vor dem wundervollen Wachstum in dieser herrlichen Schöpfung sind die Grundvoraussetzungen für jeden Hobbygärtner oder auch Selbstversorger, der erfolgreich werden möchte. Ist es nicht eine wundervolle Tätigkeit, draußen in des Schöpfers herrlichem Garten, der uns, unseren Körper und unseren Geist mehr und mehr gesunden lässt?

Selbstverständlich gehört auch das Verarbeiten der geernteten Gemüse zum Selbstversorgerprogramm: Ob man das Gemüse dörrt, also trocknet, oder fermentiert, ob man die Marmelade selbst einkocht, oder die Gurken und das Kraut, das ist alles kein Hexenwerk. Unsere Vorfahren, unsere Mütter und Großmütter, waren wahre Meister der Selbstversorgung. Während des Krieges und auch in der Zeit danach gab es nicht viel zu kaufen, so gab man sich die Einkoch-oder Dörrrezepte wie selbstverständlich weiter. Darüber gibt es ein ausführliches Kapitel, denn dieses Buch soll eine echte Hilfe sein, auch für etwaige Krisenzeiten.

Damit sind wir auch schon beim Brotbacken: Wie wichtig es ist, unabhängig von Discounter oder Lebensmittelgeschäften zu sein. Unsere Vorfahren wussten so viel mehr darüber als wir es heute tun. Als ich noch in Deutschland lebte, habe ich es tatsächlich nicht geschafft, nur ein einziges Brot zu backen. Einen ordentlichen Teig herzustellen, der ein schmackhaftes, herzhaftes Brot ergibt, das traute ich mir einfach nicht zu.

Hier in Kanada begann ich schon nach kurzer Zeit, von einem duftenden, kräftigen Landbrot zu träumen. So etwas gibt es hier nicht zu kaufen. Ein deutscher Nachbar gab den entscheidenden Impuls. Er hatte uns zum Essen eingeladen, und was stand auf dem Abendbrottisch? Genau dieses Landbrot, von dem ich immer wieder geträumt hatte. Als ich erstaunt fragte, wo man dies denn kaufen könne, lachte er und zeigte auf seinen großen Backofen: Er, ein Ingenieur, hatte das Brot selbst gebacken. Das hätte ich ihm nicht zugetraut. Am nächsten Tag wollte er zurück nach Europa fliegen und so ließ er mir sein Brotback-Buch von Lutz Geissler da. »Du kannst es jetzt üben«, lachte er, und drückte mir das Buch in die Hand. Das war der Beginn meiner Backkarriere, und bis zum heutigen Tag macht mir dies allergrößte Freude. Inzwischen sind schon die verschiedensten Brotsorten aus unserem Backofen gekommen, und viele Menschen in unserem Freundes- und Bekanntenkreis backen auch ihr Brot selbst.

Ein gutes Brot steht auch kulturhistorisch für eine Gemeinschaft von Menschen, schon in der Bibel wird dies in vielen Gleichnissen beschrieben. So heißt es etwa bei Prediger 9:7: »*So geh hin und iss dein Brot mit Freuden, trink deinen Wein mit gutem Mut; denn dein Tun hat Gott schon längst gefallen.*«

Und in der Apostelgeschichte 2:42 steht: »*Sie blieben aber beständig in der Lehre der Apostel und in der Gemeinschaft und im Brotbrechen und im Gebet.*«

Das Brotbacken gehört aus unserer Sicht ebenso zu einer guten Krisenvorsorge wie einige Geräte, wenn es ums Überleben draußen geht. So wissen etwa viele Menschen nicht um den Nutzen einer Sturmlampe. Auch die Frage, mit welchem Gewerk wir draußen kochen können, nicht nur in Notfällen, hat uns beschäftigt und Ihr findet darauf einige Antworten in diesem Buch.

Worauf ich noch besonders hinweisen möchte, ist das Kapitel mit meinen sieben Lieblingskräutern. In meinem Telegramkanal *EvaHermanoffiziell* gibt es etliche Podcasts über die Heilwirkungen dieser aus meiner Sicht wichtigsten Kräuter. In Zeiten, die eine professionelle ärztliche Versorgung immer unsicherer werden lassen, ist es geradezu ein Gebot, unsere heimischen Kräuter endlich näher zu kennen, sie anzuschauen und über sie mehr in Erfahrung zu bringen. Und so zu lernen, uns selbst zu helfen. Diese Kräuter, die von den Wesenhaften liebevoll gehegt und gepflegt werden, schenken uns zum Teil überraschende Unterstützung und Heilung bei zahlreichen Zipperlein und Einschränkungen akuter Art. Auch chronische Beschwerden können auf dem rein naturheilmedizinischen Weg gelindert, zuweilen gar beseitigt werden. Leider gehen viele Menschen in dieser Zeit achtlos an dem segensreichen Wundheiler Wegerich, an dem überlegenen Leberarzt Löwenzahn, an dem freundlichen Hustendoktor Huflattich oder an der unglaublich vielseitigen Brennnessel vorüber, ohne Wissen, wie wertvoll diese Pflanzen für unsere Gesundheit sein können. In diesem Buch könnt ihr sie näher kennenlernen, diese heimlichen Helden der Medizin.

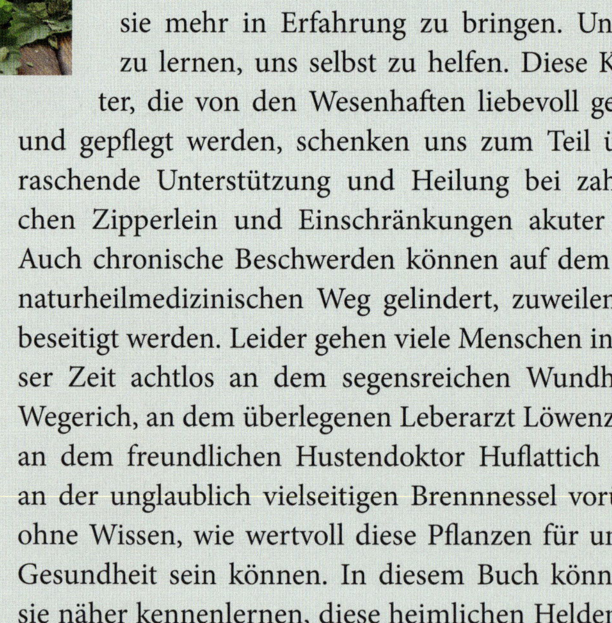

unten: Hildegard von Bingen

Es war die Begegnung mit einem Buch der berühmten Hildegard von Bingen, einer Äbtissin aus dem 11. Jahrhundert, welches mich vor gut 20 Jahren auf den bis dahin völlig unbekannten Weg der Kräuterheilkunde geführt hat. Diese hellsichtige Kirchenfrau hat ihr Wissen in riesigen Folianten verewigt, die erst im vergangenen Jahrhundert übersetzt wurden. Hildegard von Bingen und ihre Beschreibungen haben mich elektrisiert, sie hat mir ein großes Tor geöffnet zum herrlichen Garten des Schöpfers mit all seinen wunderbaren und unbeschreiblichen Geschenken. Übrigens: Seit dieser Zeit kann ich es an einer Hand abzählen, wie oft ich einen Arzt aufgesucht habe.

Wir möchten mit diesem Buch allen Lesern Mut machen, einfach anzufangen mit der Selbstversorgung, dem Kräutersammeln, dem Brotbacken, dem Einkochen und so vielem mehr.

Jeder Mensch hat einen Zugang zur Natur, wenn er es nur möchte. Jeder Mensch hat die Möglichkeit zu spüren, wie kraftvoll diese Natur ist. Und all die menschlichen Eingriffsversuche in das Schöpfersystem; sie werden letztendlich der Bedeutungslosigkeit zufallen.

Wer die Liebe zu den Wesenhaften findet, zur Erde, zu den Pflanzen, zur Sonne, zum Wind, zum Regen und zur Luft, wer endlich das wahre Leben in sich erwachen spürt, diese allumfassende Liebe, die der Schöpfer für uns alle bereithält, der wird schon bald mit ersten großen Erfolgen beschenkt werden. Und von großer Demut und Dankbarkeit erfüllt sein.

»Der allgemeine Charakter der Natur
ist Güte in der Größe.«

– Wilhelm von Humboldt

KAPITEL 1

Unser Garten: Von der Aussaat bis zur Ernte

1

UNSER GARTEN: VON DER AUSSAAT BIS ZUR ERNTE

Lieblingsgemüse: Von der Aubergine bis zur Zucchini

Das Glück, unser Lieblingsgemüse als unauffälliges Saatgut in den vorbereiteten Erdboden einzusäen, und dieses dann mithilfe der Wesenhaften, durch Unterstützung von Sonne, Wind und Regen, heranwachsen zu sehen, ist kaum zu überbieten.

Es zeigen sich im Laufe der folgenden Wochen und Monate Wunder über Wunder, und immer wieder fragen wir uns ehrfürchtig: Wie ist es nur möglich, dass aus einem solch kleinen Saatkörnchen eine so große, stattliche Pflanze wächst, die uns mit gesunden, leuchtenden Früchten beschenkt? Wer diese Wunder der Natur in sich als persönliches Glück und Freude empfinden kann, der hat die rechte Einstellung zur Natur gefunden. Denn er wird Teil des großen Wunders, an dem uns der Schöpfer täglich aufs Neue teilhaben lässt.

Nun wollen wir uns an die fruchtbare Arbeit machen. Welche Gemüsesorten eignen sich für uns?

Die gängigsten und beliebtesten Arten sind: Tomaten, Gurken, Zucchini, Kürbis, Paprika, Aubergine, Kartoffeln, Zwiebeln, Knoblauch, Möhren, Weißkohl, Rotkohl, Rosenkohl, Wirsing, Kohlrabi, Salate. Auch

die Kräuter gehören dazu, doch diese wollen wir in einem eigenen Kapitel besprechen.

Zum Einstieg in die erste Anbausaison brauchen wir einen konkreten Plan: Welche Gemüsesorten benötigen viel Licht? Welche bevorzugen eher Schatten? Die Ansprüche unser Lieblingsgemüsesorten sind in der Tat sehr unterschiedlich, und wir sollten ihre wichtigsten Bedürfnisse kennen. Die verschiedenen Pflanzen können sich gegenseitig zu Höchstleistungen anfeuern. Aber es gibt auch Gemüse, die sich nicht gut miteinander vertragen, die sich sogar beim Wachstum und der Fruchtfülle gegenseitig beeinträchtigen können. In unserem Anbauplan zeigen wir, womit welches Gemüse harmoniert und welche besser nicht zusammengepflanzt werden *(Anbauplan: siehe Seite 40)*.

Vor allem ist es wichtig, und damit starten wir, das richtige Saatgut zu finden, um eine gute und reiche Ernte zu erzielen.

Die richtige Wahl des Samens

Samentütchen werden an vielen Orten angeboten. Baumärkte haben oft gut sortierte Gartenabteilungen. Samen aus biologischer Landwirtschaft sind in den meisten Biomärkten zu finden. Und im Internet kann über zahlreiche

Plattformen Saatgut gekauft werden. Wichtig ist, dass die Samen von zertifizierten Händlern stammen.

Die Bezeichnung »Samenfest« auf dem Tütchen des Saatgutes bedeutet, dass die Vermehrung der Sorte möglich ist. Wenn eine genetische Veränderung vorgenommen wurde, muss laut Gesetz die Bezeichnung F1 oder Hybrid bei den Sortennamen stehen. Aus den sogenannten F1 oder Hybridsorten können meist keine weiteren Samen gewonnen werden. Das bedeutet, jede neue Saison muss neuer Samen gekauft werden.

Für die genetische Veränderung wird nicht zwingend Chemie eingesetzt, es werden eher andere Sorten eingekreuzt. Dadurch kann der Ertrag gesteigert und die Pflanze robuster werden, allerdings verändern sich durch diese Veränderung der Geschmack und die Optik.

Mit »Ursorten« werden Samen bezeichnet, die nicht genetisch manipuliert wurden.

Ökologisches Saatgut muss nach einer EU-Verordnung frei von gentechnisch veränderten Organismen sein und von Pflanzen gewonnen werden, die mindestens seit einer Generation ökologisch angebaut wurden. Nur dann darf das deutsche oder das EU-Bio-Siegel auf der Verpackung verwendet werden. Auch für die Entwicklung neuer Öko-Sorten darf keine Gentechnik eingesetzt werden. Saatgut hat ein Mindesthaltbarkeitsdatum. Mit der gleichen Bedeutung wie bei unseren Lebensmitteln, sprich: Bei abgelaufenem Datum kann es noch gut sein, muss aber nicht.

Tipp

Mit einem einfachen Test kann man die Keimfähigkeit schnell feststellen: Man reibt den Samen mit den Fingern ein bisschen ab und legt ihn für ein bis zwei Stunden in ein Glas mit Wasser. Die dann noch oben schwimmenden Samen sind nicht mehr zu gebrauchen, die am Boden liegen, haben noch beste Chancen.

Saatgut selbst herzustellen aus wohlschmeckenden Früchten und Gemüsen, die man beim Biohändler oder beim Bauern erstanden hat, ist eine günstige Alternative zum Kaufen. Die beim Bauern gekauften Sorten haben den großen Vorteil, dass die Pflanzen in der Region gewachsen sind und sich daher schon perfekt an das Klima angepasst haben. Bei Biobauern findet man oft noch alte Sorten, die meist nicht nur robuster, sondern auch aromatischer sind.

Tipp

Das beste Saatgut vom eigenen Anbau gewinnt man aus der ersten Ernte.

Tomatensamen in Anzuchttöpfchen

Tomatensamen gewinnen

Saatgut gewinnen

Um Saatgut selbst zu gewinnen, kaufen wir eine gut gereifte Frucht der gewünschten Gemüsesorte oder ernten sie in unserem Garten. Eine reife Frucht ist an ihrem weichen Fruchtkörper zu erkennen. Wir verwenden nur Früchte, die ganz unsere Erwartungen erfüllen, also ohne Flecken, ohne Fäulnis, und in der Konsistenz knackig und frisch.

Die Frucht wird aufgeschnitten und die Kerne vorsichtig mit einem Löffel herausgelöst. Je nach Art ist es möglich, den Fruchtkörper auch über eine Schüssel zu halten und die Kerne herauszudrücken. Dann werden die Samen zum Trocknen auf Backpapier, in einen Kaffeefilter oder auf etwas Küchenpapier gelegt. Nun sollten die Samen an einem luftigen Ort ein paar Tage bei etwa 25 °C trocknen.

Glibberige Samen, wie zum Beispiel Tomatensamen, werden in ein verschließbares Glas mit Wasser gegeben, 2 bis 3 Tage warten und dann ein wenig schütteln. Die keimfähigen Samen setzten sich am Gefäßboden ab, die keimunfähigen schwimmen oben und können entsorgt werden.

Ohne viel Aufwand bekommen wir so sauberes, gutes Saatgut. Aufbewahrt wird das Saatgut entweder in einem luftdichten Glas oder in kleinen festen Papiertütchen, die mit Namen und Jahreszahl beschriftet sind. Samen mögen es, kühl und dunkel gelagert zu werden. So bleiben sie geschützt mehrere Jahre keimfähig.

Planung

Um den Nutzgarten, das Gewächshaus, das Hochbeet oder die Terrasse/den Balkon optimal für die Pflanzen zu nutzen, ist es hilfreich, einen Pflanzplan zu erstellen. Auf ein ausreichend großes Blatt Papier wird in einem sinnvollen Maßstab die zur Verfügung stehende Fläche und die Himmelsrichtungen gezeichnet. Nun können auf dieser Fläche die geplanten Beete, Kübel, Bäume oder Sträucher eingezeichnet werden. Dabei sind die Licht- und Raumbedürfnisse der Pflanzen zu beachten.

Grundsätzlich lohnt es sich, jeder Pflanze genügend Raum und Platz zu geben. Es lohnt sich, größere Pflanzgefäße oder Kübel anzuschaffen. Dann hat die Pflanze von Anfang an ausreichend Raum und kann sich gut entwickeln. Und das Gefäß muss nicht so bald ausgetauscht werden.

Planen Sie genug Platz für jede Pflanze ein

Übersicht: unterschiedliche Lichtbedürfnisse der Gemüsesorten

vollsonnig bis sonnig

Tomaten
Gurken
Kartoffeln
Mais
Kürbis
Paprika
Karotten
Zucchini
Zwiebeln
Auberginen
Fenchel
Feldsalat/Kopfsalat

sonnig bis halbschattig

Sellerie
Blumenkohl
Rosenkohl
Weißkohl
Rotkohl
Kohlrabi
Lauch
Salat
Spinat

halbschattig bis schattig

Rhabarber
Rettich
Knoblauch

Die Aussaat

Für die Vorkultur eignet sich am besten die zweite Märzhälfte. Eine alte Regel sagt: Aussäen ungefähr sechs Wochen vor der Auspflanzung, die Auspflanzung wiederum nicht vor den Eisheiligen circa Mitte Mai.

Wer sich nach dem Mondkalender richtet, sollte die Regel befolgen:

Alles, was über der Erde Früchte trägt, sollte bei zunehmendem Mond ausgesät werden, alles, was unter der Erde fruchtet, bei abnehmendem Mond.

Die Anzuchterde oder Aussaaterde sollte relativ mager an Nährstoffen sein. So können die Keimlinge langsam wachsen, schießen also nicht frühzeitig in die Höhe und bilden so tiefe, gut verzweigte Wurzeln.

In Gartencentern, Baumärkten und Gärtnereien werden fertige Anzuchterde und Anzuchttöpfe angeboten. Selbstverständlich eignete sich jedes Pflanzgefäß für die Aussaat, aber es ist sehr praktisch, Aussaattöpfchen aus torffreier Zellulose oder Kokos zu wäh-

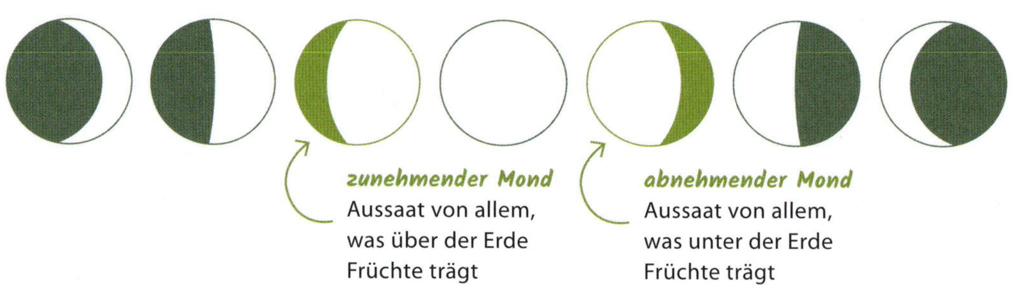

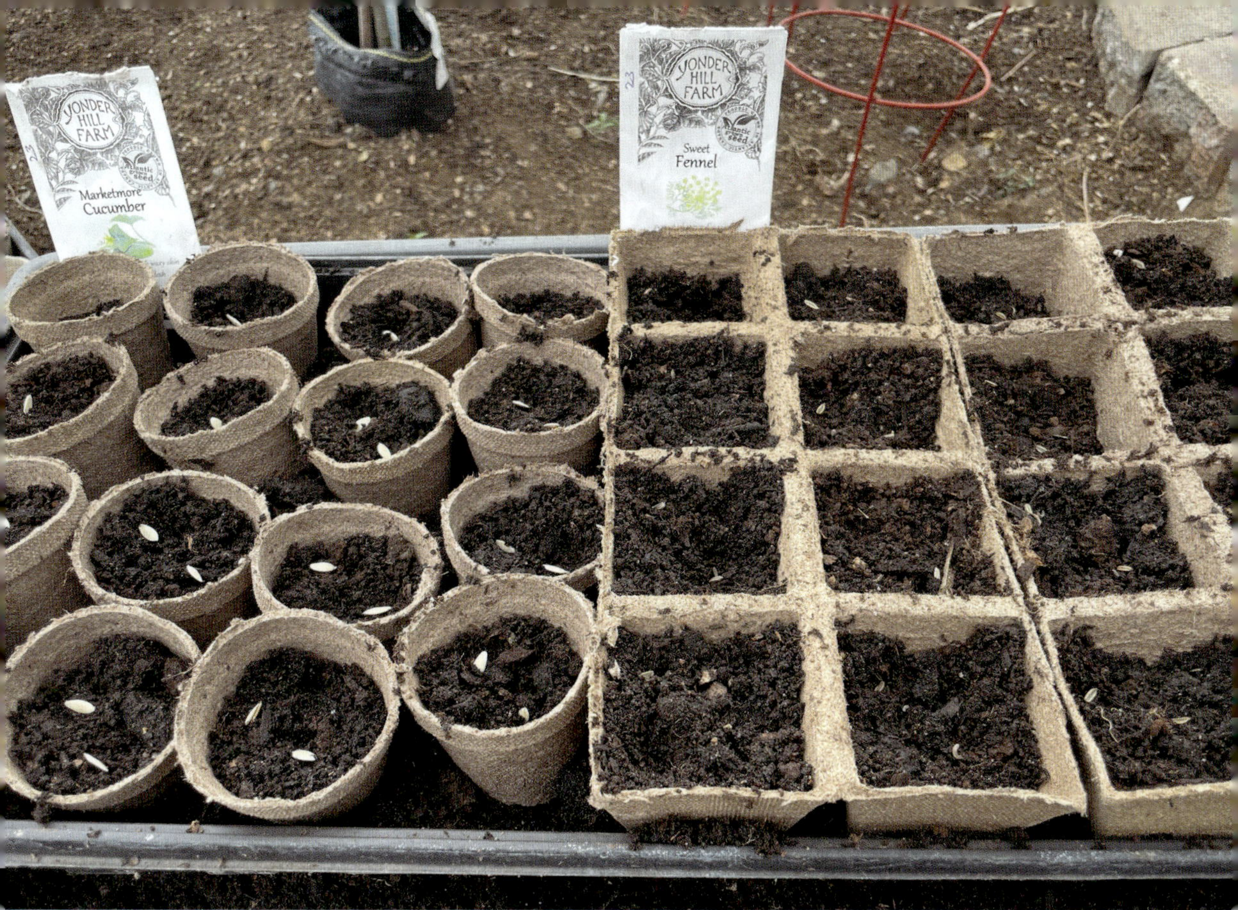
YONDER HILL FARM
Marketmore Cucumber
YONDER HILL FARM
Sweet Fennel

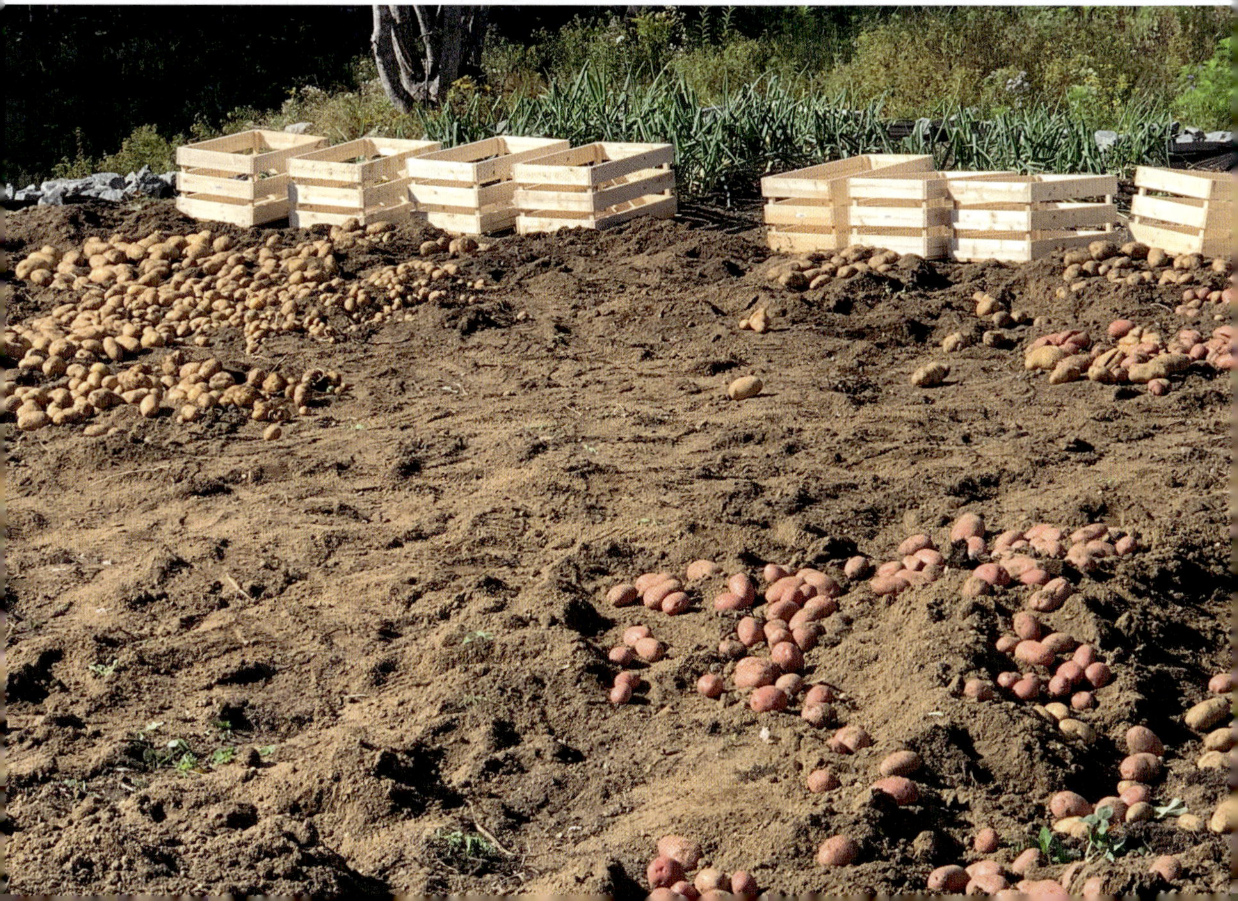

Black
Tomato 4x
Apple 2x
Tomatoe

len. Beim Umpflanzen in einen größeren Topf oder direkt ins Beet muss ein solcher Anzuchttopf nicht entfernt werden, er wird komplett durchwurzelt und baut sich mit der Zeit vollständig ab. So wird die empfindliche, frisch gebildete Wurzel nicht verletzt, und man spart sich das eventuelle Pikieren.

Pikieren heißt

Jungpflanzen zu vereinzeln, indem man sie sehr vorsichtig auseinanderzieht und mit einem größeren Abstand wieder neu verpflanzt.

Nachdem die Töpfchen mit Erde gefüllt sind, werden sie leicht mit Wasser besprüht und die Samen daraufgelegt. Pro Töpfchen sollten maximal zwei Samen verwendet werden. So stellen wir sicher, dass die Jungpflanzen genug Platz haben werden, und sollte ein Samen nicht keimen, kann immer noch ein weiterer zur Jungpflanze heranwachsen.

Je nachdem, ob es sich um Licht – oder Dunkelkeimer handelt, werden sie zusätzlich leicht mit Erde bedeckt – oder nicht. Welches Bedürfnis der jeweilige Samen hat, ist in der Regel auf dem Saattütchen vermerkt.

Tipp

Für Dunkelkeimer gilt eine Faustregel: Die Erde über dem Samen sollte nicht dicker sein als das Samenkorn selbst.

Je nach Art des Samens dauert es nur wenige Tage, bis das erste Grün zu sehen ist und die Keimpflanze beginnt, langsam ihre Keimblätter zu entfalten.

Damit die Samen ausreichend Feuchtigkeit bekommen, wird die Erde täglich mit lauwarmem und weichem, abgestandenem Wasser besprüht. Eine handelsübliche feine Sprühflasche oder eine Gießkanne mit einer sehr feinen Brause eignet sich gut.

Zusätzlich können die Saatgefäße mit einer transparenten Haube oder Plastiktüte abdeckt werden, bis die ersten Keimblättchen kommen. Das feuchtwarme Klima in so einem Minigewächshaus erleichtert das Aufgehen des Samens.

Standort und Temperatur

Eine warme, sonnige Fensterbank eignet sich gut zur Aufzucht. Wenn der Platz nicht ausreicht, einfach einen Tisch davorstellen. Da sich unter den meisten Fenstern Heizkörper befinden, herrscht hier die optimale Temperatur zur Keimung von 20 bis 25 °C.

Beste Temperaturverhältnisse für Samen

warm haben es gerne die Samen von …

Tomaten
Auberginen
Paprika
Peperoni
Melonen
Sellerie
Karotten

nicht so warm (15 bis 20 °C) haben es gerne die Samen von…

Gurke
Fenchel
Kürbis
Physalis
Radieschen
Schnittlauch
Zucchini

Jungpflanzen in die eigenen Töpfe

Nach den ersten Keimblättern wachsen bald die ersten richtigen Blätter. Das ist auch für den Anfänger recht gut zu unterscheiden.

Jetzt wird es Zeit für kühlere Temperaturen, größere Töpfe und vor allem nährstoffreichere Erde. Zusätzlich können die Pflanzen zum Beispiel mit einer LED-Pflanzenlampe unterstützt werden. So bekommen sie die optimalen Lichtverhältnisse.

Ab Anfang Mai, wenn das Wetter milder ist, können die Jungpflanzen allmählich an das »rauere« Klima draußen gewöhnt werden. Dafür werden sie tagsüber für ein paar Stunden an einen licht- und windgeschützten Platz gestellt.

Beachte

Auch sonnenliebende Arten während dieser frühen Phase nicht in die pralle Sonne stellen.

Beetreihen im Freiland – Pak Choi, Salat und Zwiebel

Nach den Eisheiligen, etwa Mitte Mai, können die Pflanzen dann an ihren endgültigen Platz gesetzt werden.

Direktsaat ins Freiland, ins Gewächshaus oder in die Pflanzkübel

Es gibt einige Pflanzen, die direkt an Ort und Stelle ausgesät werden können. Das verhindert für die Jungpflanzen den Stress des Umpflanzens, dass oft eine Wurzelbeschädigung mit sich bringt und spart die zeitaufwendige Vorkultur.

Auf den Samentütchen sind die genauen Angaben über die Zeit der direkten Aussaat, die Keimdauer, die Saattiefe, den Reihen- und Pflanzabstand, ob ein nährstoffhaltiger- oder armer Boden erforderlich ist, ob es ein sonniger oder halbschattiger Platz sein sollte, außerdem alles über Ansprüche, Düngung und Erntezeit zu finden.

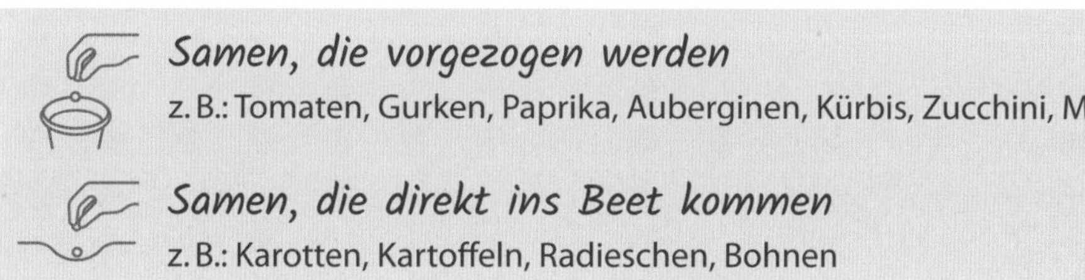

Die besten Mischkulturen im Gemüsebeet

Wie bereits erwähnt, harmonieren nicht alle Gemüse gleich gut miteinander. Einige Gemüsekombinationen unterstützen sich beim Wachstum und feuern sich gegenseitig zu Höchstleistungen an, andere können sich in Wachstum und Fruchtfülle sogar beeinträchtigen.

Hier eine kleine Übersicht, welche Gemüse sich im Beet gut ergänzen und welche lieber getrennt voneinander gepflanzt werden sollten.

Anbauplan

● guter Nachbar ○ schlechter Nachbar

	Aubergine	Bohnen	Brokkoli & Blumenkohl	Erbsen	Fenchel	Gurken	Karotten	Kartoffeln	Knoblauch	Kohl
Aubergine			●	○				○		●
Bohnen		○		○	○	●		●	○	●
Brokkoli & Blumenkohl	●			●						○
Erbsen	○	○	●				●	○	○	●
Fenchel		○								
Gurken		●							●	●
Karotten				●					●	●
Kartoffeln	○	●		○						○
Knoblauch		○		○		●	●			○
Kohl	●	●		●	○	●	●	○	○	○
Kürbis		●				○				
Lauch		○		○			●		○	
Mais		●				●	●	●		●
Mangold		●					●			●
Paprika	○				○	●	●	○		●
Pastinake				●			●		●	
Radieschen	●	●		●		○	●			
Rettich	●	●		●		○	●			
Rote Bete	○	●	●			●		○	●	●
Salat	●	●		●		●		○	●	
Sellerie		●	●	●		●	○	○		●
Spinat	●	●				●				●
Tomaten		●		○	○	○		○	●	●
Zucchini		●				○				
Zwiebel		○	○	○		●	●	○	○	○

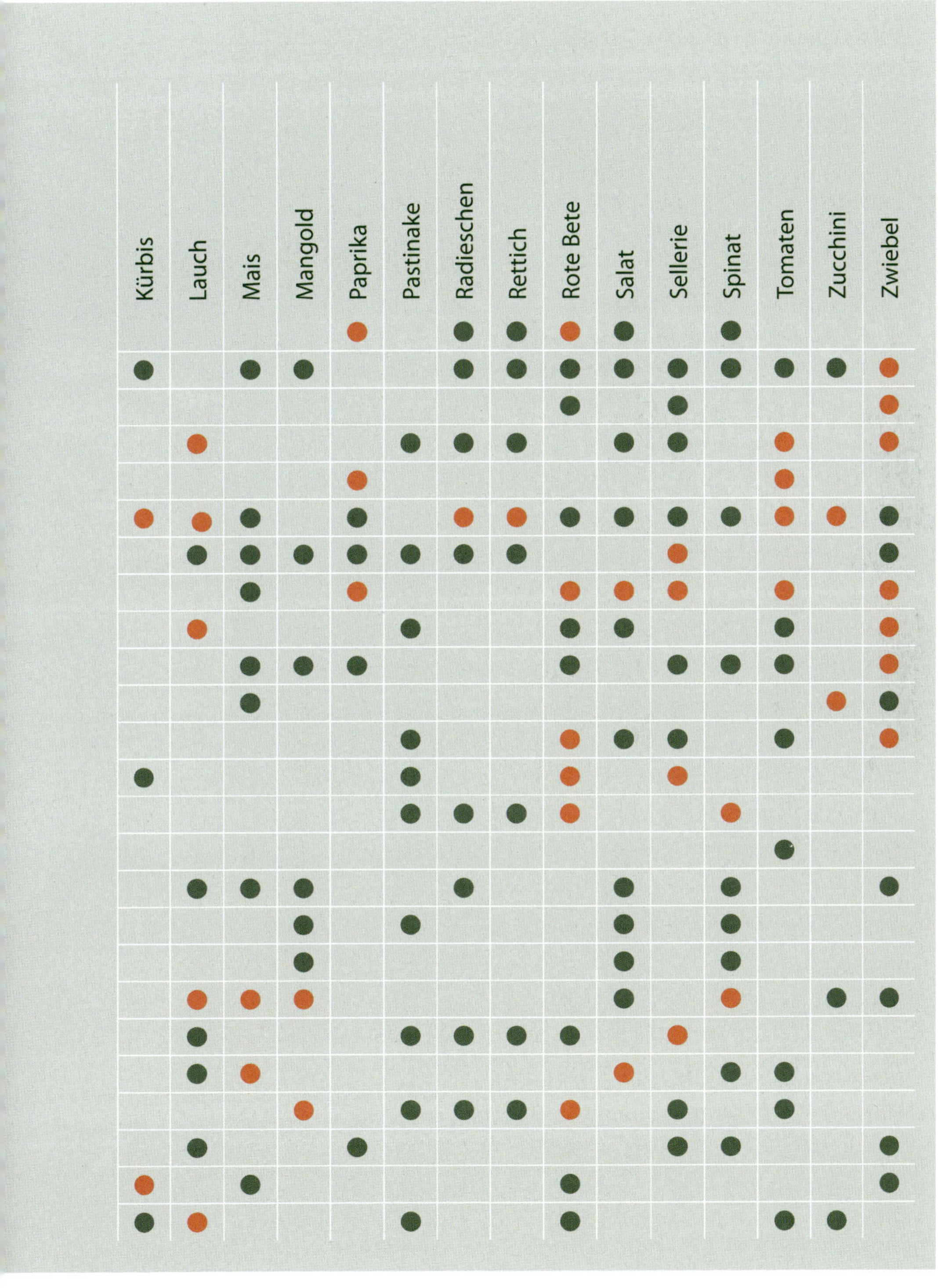

Kürbis	Lauch	Mais	Mangold	Paprika	Pastinake	Radieschen	Rettich	Rote Bete	Salat	Sellerie	Spinat	Tomaten	Zucchini	Zwiebel
				○		●	●	○	●		●			
●		●	●			●	●	●	●	●	●	●	●	○
								●		●				○
	○				●	●	●		●	●		○		○
				○								○		
○	○	●		●		○	○	●	●	●	●	○	○	●
	●	●	●	●	●	●	●			○				●
		●		○				○	○	○		○		○
	○				●			●	●			●		○
		●	●	●				●		●	●	●		○
		●											○	●
					●			○	●	●		●		○
●					●			○		○				
					●	●	●	○			○			
												●		
	●	●	●			●			●		●			●
			●		●				●		●			
			●						●		●			
	○	○	○						●		○		●	●
	●				●	●	●	●		○				
	●	○							○		●	●		
			○		●	●	●	○		●		●		
	●			●						●	●			●
○		●						●						●
●	○				●			●				●	●	

KAPITEL 2

Ungebetene Gäste: »Schädlinge« im Garten

Kartoffelkäfer in unterschiedlichen Entwicklungsstadien

Erste Begegnungen mit Schädlingen

Ob Schnecken, Fliegen, Läuse oder Käfer: Zahlreiche Tierchen ernähren sich von unseren Nutzpflanzen, wodurch diese mehr oder weniger stark geschädigt werden können. Grundsätzlich gilt: Um Schädlinge an Pflanzen zu bekämpfen, wenn möglich *immer* umweltschonende Pflanzenschutzmittel verwenden. Ansonsten besteht die Gefahr, dass wir nicht nur die Schädlinge vernichten, sondern auch die Nützlinge in unserem Garten vertreiben. Außerdem mögen die Wesenhaften chemische Keulen gar nicht. Auch wenn sie dennoch widerspruchslos ihre Arbeit weiter verrichten, sie leiden darunter.

Wir haben einige alte Hausmittel für die Schädlingsbekämpfung zusammengestellt, die effektiv sind und dennoch die Jungpflanzen und unsere Helfer, die Wesenheiten, schonen.

Es liegt also an uns, welche Entscheidung wir treffen, um Glück und Segen zu säen.

Der Besuch der Trauermücke

Der Befall durch Trauermücken ist besonders bei Jungpflanzen sehr lästig, weil sie sich von den Wurzeln der Pflanze ernähren und so ein gesundes Wachstum verhindern.

Die wahren Übeltäter sind nicht die erwachsenen Trauermücken, sondern ihre Larven. Diese sind etwa 5 bis 10 Millimeter lang und glasig grauweiß. Sie kommen vorwiegend in der Blumenerde vor, wo sie sich von den Wurzeln und abgestorbenen Pflanzenresten ernähren.

Oft werden die Plagegeister mit den Fruchtfliegen verwechselt. Ein großer Unterschied zwischen diesen beiden ist ihr Aufenthaltsort. Während die Fruchtfliegen sich meist in der Nähe von geerntetem Obst aufhalten, bevorzugen die Trauermücken die im Wachstum befindlichen Pflanzen und legen ihre Eier dort in der feuchten Erde ab. Wenn sie erscheinen, sollte man sofort handeln.

oben: Von der Trauermücke befallenes Blatt
unten: Gelbtafel im Einsatz

Gelbtafeln

Eine Möglichkeit sind Gelbtafeln, sie sind wahrhaft gute Helfer. Oft in Blumenform (sieht auch noch nett aus) werden die kleinen, beleimten Tafeln in die Pflanztöpfchen gesteckt. Schon nach kürzester Zeit kleben die ersten Trauermücken daran. Es kann durchaus Sinn machen, dies bei der Anzucht von Pflanzen präventiv zu tun, denn auch Blattläuse und weiße Fliegen reagieren auf Gelbtafeln. Sie sind ungiftig, schadstofffrei und somit freundlich zur Umwelt und den Wesenheiten. Eingesetzt werden sie vor allem zur Bekämpfung von fliegenden Insekten in Blumentöpfen, Blumenkübeln, Blumenkästen, Gewächshäusern und Obstbäumen. So können Fraßschäden nachhaltig verhindert werden. Die meisten Baumärkte und Gartencenter haben sie im Sortiment. Die Tafeln werden entweder an der Pflanze aufgehängt oder in die Topferde gesteckt. Der Leim enthält in der Regel keine Insektizide – die Farbe Gelb ist ausschlaggebend, um das Getier anzuziehen. Da die Plagegeister zuverlässig an den Leimfallen kleben bleiben, sind Schädlinge frühzeitig zu erkennen. So können rasch Gegenmaßnahmen eingeleitet werden. Zum Beispiel durch das Besprühen der Pflanzen mit einem Neemölgemisch. Doch dazu gleich mehr.

Die mit Leim bestrichene Tafeln aus dünner Pappe oder Plastik können wir einfach selbst herstellen. Pappe hat den Nachteil, durch Gießwasser aufgeweicht zu werden. Plastik ist beständiger und kann immer wieder verwendet werden.

Herstellung von Gelbtafeln

Für die Tafeln:
Laminiergerät, Laminierfolien, gelbes Papier, einen Locher

Für den Leim:
100 Gramm Kolophonium (Extrakt aus Baumharz aus dem Baumarkt oder Gartencenter); 60 Gramm Pflanzenöl (beispielsweise Leinöl); 20 Gramm Terpentin

So wird es gemacht:
Die aus gelbem Papier selbst entworfenen und zugeschnittenen Tafeln – jede Größe oder Form ist möglich – werden zwischen die Folien gelegt und laminiert. Wenn es Topfstecker werden sollen, wird eine nach unten gehenden Spitze mit ausgeschnitten. So kann die fertige Gelbtafel in die Topferde gesteckt werden. Für hängende Gelbtafeln wird mit dem Locher ein Loch gestanzt, durch das der Faden zum Aufhängen gezogen werden kann.

Den Leim am besten in einem alten Topf kochen. Das Kolophonium, das Pflanzenöl und das Terpentin werden erhitzt. Während des Kochvorgangs gut umrühren, bis ein streichfähiger Leim entsteht. Durch Zugabe von mehr Pflanzenöl oder Kolophonium wird der Leim flüssiger beziehungsweise fester. Wegen der entstehenden Dämpfe ist es ratsam, den Leim draußen zu kochen.

Wenn er ein wenig abgekühlt, aber noch lauwarm ist, wird der Leim dick mit einem breiten Pinsel auf die vorbereiteten Tafeln gestrichen. Sobald er nicht mehr tropft, ist die Gelbtafel fertig und kann verwendet werden. Alternativ wird fertiger Insektenleim in der Tube auch im Handel angeboten.

Der Leim bleibt in etwa 2 Wochen klebrig, dann sollte er erneuert werden. Bevor die Gelbtafeln neu bestrichen werden können, müssen sie gesäubert werden. Das Gröbste kann mit einem Spachtel entfernt werden, dann die Gelbtafel einfach mit einem Fettlöser abwischen.

Einer der großen Vorteile der selbst hergestellten Tafeln: ***ihre Wiederverwendbarkeit.***

Neemöl oder Niemöl

Wer es kennt und verwendet, schwört auf diese »biologische Allzweckwaffe«. Neemöl hilft den Pflanzen, aus eigener Kraft gesund zu bleiben. Es wirkt vorbeugend und regenerierend. Die Pflanzen kann sich prächtig entwickeln.

Neemöl wird durch Kaltpressung der Samen der Frucht des Neembaumes gewonnen. Diese Baumart ist in Indien, Pakistan und Myanmar beheimatet. Mit Wasser und Emulgator verdünnt, wird es mit einer Sprühflasche auf die Pflanzen verteilt.

Fertige Neemölgemische sind in Baumärkten, Gartencentern und Drogeriemärkten erhältlich. Es lässt sich aber auch schnell und einfach selbst herstellen.

Herstellung von 1 Liter Neemölgemisch

Für das Neemölgemisch:
5 Milliliter Neemöl; 1 Liter Wasser;
1 Milliliter Rimulgan als Emulgator

So wird es gemacht:
Die drei Komponenten zusammenschütten, gut schütteln und in eine Sprühflasche füllen.

Der Preis für 200 Milliliter reines Neemöl liegt bei circa 10 Euro, selbst eine kleine Flasche des Öls ist also sehr ergiebig. Auch Zimmerpflanzen freuen sich besonders im Winter über eine wöchentliche Besprühung mit diesem Gemisch. Zumal es einen schönen Glanz auf den Blättern hinterlässt.

Marienkäfer ernähren sich von Blattläusen und Schildläuse

Ungebetener Besuch von Läusen

Zu den saugenden Insekten zählen vor allem Pflanzenläuse. Die am stärksten verbreiteten Schädlinge dieser Gruppe sind Blattläuse, Schildläuse, Wollläuse und Weiße Fliegen.

Blattläuse

Sie sitzen in Kolonien auf den Blattunterseiten. Sie sind bei fast allen Gemüsepflanzen, wie Gurken, Zucchini, Aubergine, Kürbis an jungen Trieben oder Blütenknospen zu finden. Stark befallene und beschädigte Triebspitzen am besten mitsamt den Blattläusen abschneiden und entsorgen. Als Nützlinge können Florfliegen oder Schlupfwespen eingesetzt werden. Sie vertilgen gern Schmierläuse.

Bei übermäßigem Befall hilft eine gründliche und wiederholte Behandlung der betroffenen Pflanzen mit dem oben genannten **Neemölgemisch,** wenn nötig täglich, bis der Befall beendet ist.

Beachte: Auch die Blattunterseiten besprühen!

oben: Braunfäulebefall
unten: Mehltau

Wollläuse

Sie treten bevorzugt an den Wurzeln der Pflanzen auf. Die betroffenen Topfpflanzen müssen sofort umgetopft werden. Dazu die Wurzeln zunächst mit einem scharfen Wasserstrahl abbrausen, damit keine Erde, in der Läuse sein könnten, an den Wurzeln zurückbleibt. Dann die Gefäße desinfizieren und die Pflanze mit frischer Erde wieder einsetzen.

Die **Kraut- und Braunfäule** ist eine der häufigsten Pilzkrankheiten bei Kartoffeln und Tomaten. Befallene Blätter sofort entfernen und im Hausmüll entsorgen. Kraut- und Braunfäule wird durch Pilzsporen übertragen. Die hohe Ansteckungsgefahr mit diesem Pilz ist einer der Gründe, warum es sinnvoll ist, einen größtmöglichen Pflanzabstand zwischen Tomaten und Kartoffeln im Garten einzuhalten.

Mehltau und auch **falscher Mehltau** kommt vorwiegend bei Kürbis, Zucchini und Gurkenpflanzen vor. Es gilt: Früh und präventiv Schachtelhalmbrühe oder Brennnesselsud einsetzen!

Ackerschachtelhalmverdünnung und Brennnesseljauche

Die absoluten Helden gegen Blattläuse, Mehltau und Braunfäule sind Brennnesseln und der Ackerschachtelhalm. Mit ihnen werden zwei Fliegen mit einer Klappe geschlagen: Zum einen dienen sie der Schädlingsbekämpfung und zum anderen sind sie ein wunderbarer Dünger.

Beides lässt sich ganz einfach selbst herstellen und sollte bereits bei Jungpflanzen präventiv eingesetzt werden.

In Baumärkten und Gartencentern kann man sowohl von der Schachtelhalmbrühe als auch vom Brennnesselsud Konzentrate kaufen und sie entsprechend der Anweisung verdünnen und anwenden. Das ist der einfachste und schnellste Weg.

Wenn einem jedoch Stellen in der Umgebung bekannt sind, an denen Schachtelhalm und Brennnessel zu finden sind oder sie sogar im eigenen Garten wachsen, können die Jauchen oder Brühen einfach selbst hergestellt werden.

Nun die Frage: Jauche oder Brühe? Brühe geht relativ schnell, Jauche braucht mehr Zeit und riecht nicht gut. Der Vorteil von Jauchen: Das Ergebnis ist konzentrierter und somit auch wirksamer, die Gärung setzt mehr Kieselsäure frei, und es bilden sich zusätzlich günstige Milchsäurebakterien, die bei der Pilzbekämpfung helfen können.

von oben nach unten:
Herstellung des Suds für die Brühe

Herstellung von Brühe

Circa ½ Kilogramm klein geschnittener frischer Ackerschachtelhalm oder Brennnesseln werden für 24 Stunden in 5 Liter Wasser eingeweicht. Eine große, geschnittene Zwiebel und ein paar Knoblauchzehen hinzufügen. Nach dem Einweichen diese Mischung erhitzen und ungefähr eine halbe Stunde köcheln lassen, danach abseihen. Sobald der Sud erkaltet ist, kann er verwendet werden. Dafür wird er ungefähr 1 zu 5 verdünnt, also auf einen Teil Brühe fünf Teile Wasser geben.

Herstellung von Jauche

Gut ein ½ Kilogramm geschnittener Schachtelhalm oder Brennnessel werden in 5 Liter Wasser in einem Eimer, der mit einem Tuch abgedeckt ist, für einige Tage aufbewahrt. Alle 2 Tage wird die Jauche mit einem Stock umgerührt, um Sauerstoff einzubringen. Sobald Bläschen aufsteigen, ist dies das Zeichen dafür, dass die Brühe beginnt zu gären. Wenn nach circa 7 oder 8 Tagen keine Bläschen mehr aufsteigen, ist die Jauche fertig für die Verwendung. Das Mischungsverhältnis ist 1 zu 10 – also auf einen Teil Jauche kommen 10 Teile Wasser. Mit der Jauche können die Pflanzen gegossen oder besprüht werden.

Ackerschachtelhalm

Um Sonnenbrand zu vermeiden, die frisch besprühten Blätter nicht unmittelbar der Sonne aussetzen. Deshalb ist es besser, morgens oder abends die Pflanzen zu besprühen.

Die Nacktschnecke – nicht gerade eine Sympathieträgerin

Schnecken, insbesondere Nacktschnecken, zählen im Gemüsegarten zu den unbeliebtesten Schädlingen. Dennoch sollte unbedingt auf das metaldehydhaltige, giftige Schneckenkorn ganz verzichtet und lieber Nützlinge wie Igel, Vögel und Kröten im Garten gefördert werden. So bleiben Haustiere und Kinder sicher und das Ökosystem des Gartens in Takt.

oben: Nacktschnecke: Ein Schädling im Garten
unten: Tigerschnecken: Ein sehr willkommener Nützling im Garten, den man auch kaufen kann

Immer öfter werden zur Schneckenbekämpfung indische Laufenten oder Tigerschnegel, auch Tigerschnecken genannt, eingesetzt. Wer eine solche Tigerschnecke in seinem Garten entdeckt, kann sich glücklich schätzen. Es sind im Grunde sehr hübsche 10 bis 20 Zentimeter große Schnecken ohne Haus, die ein tiger- oder leopardiges Muster aufweisen. Überall wo es feucht und dunkel ist, fühlen sie sich wohl. Auf dem Speiseplan des Tigerschnegels stehen unter anderem Nacktschnecken und deren Eier, aber auch Aas und abgestorbenes Pflanzenmaterial. Im Internet findet man einige Angebote.

Neben Nützlingen gibt es einige Zier- und Nutzpflanzen, die von Nacktschnecken gemieden werden. Das sind zum einen Pflanzen mit rauen, filzigen Blättern wie Borretsch, Salbei oder Königskerze, aber auch Geranien, Duftgeranien,

Astern, Bartnelken, Fuchsien, Fleißige Lieschen, Löwenmäulchen, Ziergräser, Mohn und Rosen halten Schnecken fern.

Minzen, Lavendel, Liebstöckel und Kamille mögen Schnecken überhaupt nicht. Eigentlich alles, was stark duftet, meiden sie. Es empfiehlt sich, überall im Garten diese Kräuter und Blumen zu pflanzen. Das freut die Insekten und Bienen und auch das Auge des Betrachters.

Pfefferminze

Ganz können Nacktschnecken allerdings nicht aus dem Garten vertrieben werden. Da hilft es nur, morgens die kleinen Biester abzusammeln und sie weit weg wieder auszusetzen. Bierfallen nützen nicht wirklich. Zwar ertrinken einzelne Tiere elendig darin, doch der Geruch lockt weitere Schnecken an und nur wenige Tiere landen tatsächlich in den Fallen.

oben: Kartoffelkäferlarve
unten: Kartoffelkäfer mit charakteristischer Rückenfärbung

Der Kartoffelkäfer

Dieser gefräßige Geselle ist seit circa 1870 in Europa heimisch. Eingereist ist er wahrscheinlich per Schiff aus Nordamerika. Er hat schon mehrfach katastrophale Ernteeinbrüche in ganz Europa verursacht. Mitte der 1930er-Jahre wurde er das erste Mal in Deutschland gesehen.

Der Kartoffelkäfer gehört zu den Insekten, hat sechs Beine und wird 7 bis 15 Millimeter lang. Ganz typisch ist das Muster auf seinen Deckflügeln: fünf schwarze Streifen auf jeder Seite, also zehn Streifen auf dem gesamten Rücken. Laufen kann der Kartoffelkäfer mit seinen dünnen Beinchen nicht besonders gut, dafür kann er umso besser fliegen. Er ist also in der Lage, sich gut und weit über Kartoffelfelder zu verbreiten. Kartoffelkäfer werden bis zu 2 Jahre alt. Sie leben hauptsächlich auf Kartoffelpflanzen, aber auch auf anderen Nachtschattengewächsen wie zum Beispiel Tomaten, Paprika und Auberginen.

Der Käfer an sich ist nicht sonderlich gefräßig, gefährlich sind eher seine Larven. Die fressen die Blätter der Kartoffelpflanzen ratzekahl ab. Ohne Blätter kann die Pflanze keine Fotosynthese mehr vollziehen und geht ein.

Fotosynthese

Bei der Fotosynthese erzeugen grüne Pflanzen mithilfe der grünen Chloroplasten aus Kohlenstoffdioxid und Wasser Glukose und Sauerstoff. Die Energie der Sonnenstrahlen wird verwendet, um Zucker und Sauerstoff herzustellen. Dieser Zucker dient dann als Energiequelle für die Pflanze.

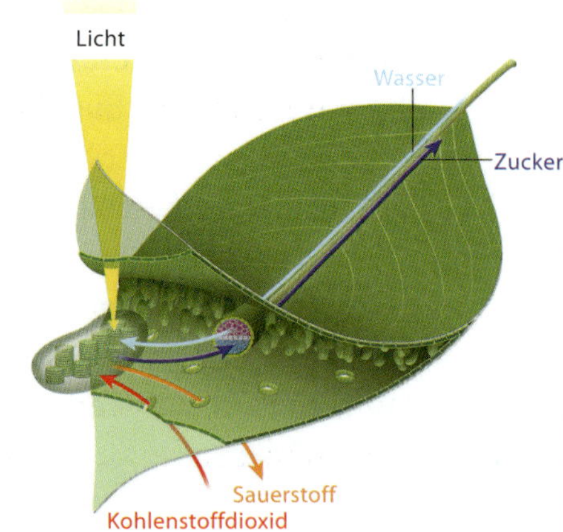

Um den Kartoffelkäfer effektiv bekämpfen zu können, ist es wichtig, seinen Lebenszyklus zu verstehen. Dieser verläuft folgendermaßen: Die erwachsenen Käfer überwintern im Boden und kommen ans Tageslicht, wenn sich die ersten zarten Blätter entwickelt haben. Ihr Fraßschaden ist dann noch relativ gering. Für Jungpflanzen kann das allerdings schon bedrohlich werden. Nach der Paarung erfolgt die Eiablage auf der Unterseite der Blätter. Die Eier sind dunkelorange und haben kleine schwarze Flecken. Pro Weibchen sind es etwa 20 bis 80 Eier, aus denen nach 5 bis 12 Tagen die Larven schlüpfen. Diese wachsen schnell heran, sie häuten sich dreimal. Kartoffelkäfer pflanzen sich bis zu dreimal im Jahr fort.

Ihr Appetit auf Kartoffelblätter ist ungebremst und der entsprechende Schaden auch. Nach etwa 2 bis 4 Wochen kriechen die Larven circa 30 Zentimeter tief in die Erde und verpuppen sich dort. Nach zwei weiteren Wochen schlüpfen die erwachsenen Käfer. Die zweite Käfergeneration fliegt dann ungefähr ab Juli, die erste im Mai. Die jungen Käfer und ihre Larven können Pflanzen vollständig skelettieren und somit erhebliche Ernteeinbußen mit sich bringen.

Was tun? Prävention steht an erster Stelle. Das regelmäßige Suchen von den kleinen orangenen Eiern, später dann von heranwachsenden dunkelroten Larven an der Unterseite der Blätter sollte zum täglichen Ritual gehören. Mit der Sichtung nur eines einzelnen Kartoffelkäfers oder einer Eiablage sollte sofort gehandelt werden.

Kartoffelkäfereier

Auch beim Kartoffelkäfer rate ich grundsätzlich von chemischen Pflanzenschutzmitteln, also Insektiziden, ab. Der Schädling ist inzwischen meist resistent dagegen. Angesichts des oben beschriebenen Lebenszyklus müssen nicht die erwachsenen Kartoffelkäfer bekämpft werden, sondern die erste Larvengeneration, also im Frühjahr, wenn die ersten Kartoffeln austreiben. So wird das Entstehen einer größeren Population verhindert. Dafür stehen einige biologische Bekämpfungsmittel und Hausmittel zur Wahl.

Besonders gegen die Larven des Kartoffelkäfers, die den größten Schaden anrichten, bieten sich Präparate auf Neemölbasis an, die für einen schnellen Fraßstopp sorgen. Dieses biologische Pflanzenschutzmittel aus dem Öl des tropischen Neembaums ist für den Garten im Fachhandel und Baumarkt erhältlich (zur Eigenherstellung des Neemölgemischs siehe Seite 48). Es wird großzügig auf die Pflanzen gesprüht.

Auch Brennnesseljauche und Ackerschachtelhalmbrühe sind eine gute Wahl bei der Bekämpfung des Schädlings (zur Herstellung dieser Jauchen und Brühen siehe Seite 54). Das regelmäßige Besprühen mit Jauche oder Brühe, mindestens 2- bis 3-mal die Woche, unterstützt durch Dünger nicht nur die Pflanze beim Wachstum, sondern hält auch Schädlinge wie den Kartoffelkäfer fern.

Das Bestäuben der Pflanzen mit Kaffeesatz mögen Kartoffelkäfer ebenfalls gar nicht.

Meerrettichwurzeln

Meerrettichjauche

Eine Jauche aus dieser Wurzel ist auch ein effektives Mittel, um Kartoffelkäfer zu bekämpfen: Für die Jauche werden circa 10 Liter Wasser und 1 Kilo frischer Meerrettich (alternativ gehen auch 200 Gramm getrockneter Rettich) benötigt.

Beide Zutaten in einem Eimer miteinander vermengen und an einem sonnigen Platz im Garten mehrere Tage lang ruhen lassen. Die fertige Meer-

Urgesteinsmehl im Topf

Pfefferminzeaufguss

rettichjauche in eine Spritzflasche fühlen und alle 2 bis 3 Tage die befallenen Pflanzen damit besprühen.

Urgesteinsmehl

Urgesteinsmehl ist ein fein gemahlenes Gestein, das reich an Kieselsäure und Nährstoffen ist. Es wird einfach als Pulver dünn über die Blätter der Kartoffelpflanze gestreut und bringt gleich zwei Vorteile mit sich: Zum einen entzieht es den Larven Feuchtigkeit, sodass diese nach und nach austrocknen. Zum anderen fungiert das Urgesteinsmehl wie ein Dünger, der die Pflanzen widerstandsfähiger auch gegen andere Schädlinge macht.

Minztee

Eine Art Wundermittel der Natur gegen Kartoffelkäfer ist die Pfefferminze. Für eine Minzbrühe werden mindestens zwei Hände loser Minzblätter benötigt, die mit 3 bis 5 Litern sehr heißem Wasser übergossen werden. Die Brühe sollte 30 Minuten lang durchziehen oder leicht köcheln, bevor man die groben Pflanzenreste mit einem Sieb herausfiltert. Anschließend wird das Ganze noch 1 zu 10 mit Wasser verdünnt und in einen Drucksprüher gegeben, mit dem die Blätter von oben und unten besprüht werden.

Große Arbeitserleichterung: der Drucksprüher

Wenn es um das Besprühten von Pflanzen geht, lohnt es sich auf jeden Fall ein Drucksprühgerät anzuschaffen. Es gibt den kleineren Handdrucksprüher mit einem geringeren Fassungsvermögen von bis zu einem Liter

oder den größeren Drucksprüher mit einem Fassungsvermögen von 3 oder auch 5 Litern. Der größere verfügt über eine metallene Verlängerung des Schlauches, an deren Kopf sich die Düse befindet. Damit sind auch die Blattunterseiten wunderbar zu erreichen, also jede Stelle der Pflanze kann mühelos besprüht werden. Im Gewächshaus und auch bei größeren Beeten im Garten ist die Anschaffung eines solchen Helfers eigentlich unerlässlich, er hilft Zeit und Verrenkungen zu sparen.

Die kleineren Pumpsprühflaschen starten im Preis mit ungefähr 10 Euro – die größere Variante beginnt bei 20 bis 30 Euro und ist im Baumarkt oder Gartencenter erhältlich.

Nützlinge

Natürliche Gegenspieler des Kartoffelkäfers sind Marienkäfer, Raubwanzen, Flohrfliegen und Laufkäfer. Wenn diese Nützlinge im Garten sich angesiedelt haben, minimiert das Kartoffelkäferproblem sich meist von ganz allein. Wer Hühner hat, tut sich beim Absammeln von Käfern oder Larven leichter, denn Hühner essen diese sehr gern.

Erdflöhe

Erdflöhe sind keine Flöhe, sondern 2 bis 3 Millimeter kleine Käfer. Das einzige, was sie mit Flöhen gemein haben, ist ihre Sprungkraft. Besonders zwei Arten findet man im Gemüsegarten, den Kartoffel- oder Kohl-Erdfloh und den Raps-Erdfloh. Der Kartoffel-Erdfloh besitzt einen dunkelbraunen Panzer mit gelben Längsstreifen. Den Raps-Erdfloh erkennt man an seinem blauschwarzen oder dunkelgrün glänzenden Chitinpanzer.

oben: Erdflohlarve
unten: ausgewachsener Erdfloh

Sie erscheinen ab April bei Temperaturen um 5 °C. Im Mai legen die Erdflöhe ihre Eier in die Erde, wo sich die Larven bei warmer und trockener Witterung besonders gut entwickeln. Im Juni ist die Entwicklung der ersten Sommergeneration abgeschlossen. Je nach Wetterlage entwickeln sich noch weitere Generationen, bis im August die letzten Eier abgelegt werden. Erdflöhe überwintern als Larven im Boden.

Erdflöhe sind Schädlinge aus der Familie der Blattkäfer. Im Gemüsegarten machen sie sich gerne an Kreuzblütlern wie Kohlrabi, Rucola oder Brokkoli zu schaffen. Aber auch Kartoffeln, Auberginen, Tomaten oder Paprika sind bei ihnen äußerst beliebt. Einen Befall erkennt man an den zahlreichen winzigen, runden Löchern, die sie an der Oberfläche der Blätter der Wirtspflanzen hinterlassen. Diese Löcher sind für gewöhnlich kleiner als 4 Millimeter. Den größten Schaden richten die überwinternden Erdflöhe im April und Mai bei trockenwarmer Witterung an, wenn sie in großer Zahl auftreten.

Um den Befall mit Erdflöhen zu verhindern oder zumindest zu reduzieren, ist es gut, sie ständig in ihrer Ruhe zu stören. Also, so oft es geht, den Boden bearbeiten, ihn hacken, lockern, ihn feucht und dunkel halten. Denn die Erdflöhe lieben es trocken und warm.

Um den Boden gut feucht zu halten, hilft das Mulchen, zum Beispiel mit Rhabarberblättern, Brennnessel- und Holunderschnitt. Auch Rasenschnitt eignet sich gut.

Das Stäuben mit Algenkalk oder Gesteinsmehl hält die Käfer von den Blättern fern. In der akuten Phase sollte dies wöchentlich erfolgen. Ein altes Hausmittel ist das Bestäuben mit Roggenmehl.

Gesteinsmehl und auch Roggenmehl lassen sich schön fein verteilen, indem man eine alte Socke damit befüllt und über den Pflanzen dagegen klopft.

Als Abwehr bei einem akuten Befall kann 2- bis 3-mal die Woche Rainfarntee oder Wermuttee (keine Jauche!) versprüht werden, auch Zwiebel- und Knoblauchtee eignen sich dafür gut. Oder einfach Knoblauchzehen direkt in die Erde stecken.

Spinnmilben

Neben den Blattläusen zählen die Spinnmilben zu den gefräßigsten Schädlingen bei Nutz- und Zierpflanzen schlechthin. Es gibt unendlich viele Arten der Spinnmilbe. Bei uns kommt meist die **gemeine Spinnmilbe** vor. Bei ihr stehen Zierpflanzen, wie zum Beispiel Rosen auf dem Speiseplan. Sie macht aber selbst vor Gurken, Bohnen und Tomatenpflanzen und auch vor Buchsbäumen nicht halt.

Spinnmilben und ihre Eier

Die **Obstbaumspinnmilbe** befällt Obstbäume, Beerensträucher und Wein. Die **Orchideenspinnmilbe** bevorzugt nicht nur Orchideen, sondern auch Zitrusgewächse. Spinnmilben sind nicht nur im Garten, sondern auch an Zimmerpflanzen zu finden. Außerdem lieben sie trockene, warme Gewächshäuser. Gewächshäuser sollten zur Vorbeugung regelmäßig und gut belüftet werden.

Die Spinnentiere haben zwar nur eine kurze Lebensdauer, jedoch vermehren sie sich rasant schnell und können gehörigen Schaden anrichten. Ohne Lupe sind die Spinnmilben kaum zu erkennen, sie werden nur bis 0,8 Millimeter groß. An Gespinsten in den Blattachseln und an ersten Saugschäden an den Blatträndern ist ihre Anwesenheit erkennbar. Außerdem sind zahlreichere kleine, helle Punkte oder auch kleine, silbrig-graue Flecken auf den Blättern zu sehen. Irgendwann rollen sich dann die Blätter ein. Sie werden regelrecht von den Spinnmilben ausgesaugt und sterben schließlich ab.

Betroffene Pflanzen nach erkennbarem Befall sofort kräftig abduschen, befallene Blätter entsorgen und danach mit einem Neemölgemisch (siehe Seite 48) besprühen. Von einigen Gärtnern wird ein Rapsölgemisch (Rapsöl, Wasser und Spülmittel) empfohlen. Die Öle setzen sich in die Atemöffnung der Schädlinge, sie ersticken dann rasch.

Ameisen

Ist die Ameise ein Nützling oder ein Schädling? Bei dieser Frage scheiden sich die Geister.

Für die Ameisen spricht:

Die kleinen, fleißigen Tierchen tragen maßgeblich mit dazu bei, das ökologische Gleichgewicht im Garten aufrechtzuhalten. In Europa gibt es ungefähr 200 Ameisenarten – weltweit sind es mehr als 10 000. Grundsätzlich schaden Ameisen im Garten nicht. Im Gegenteil, sie lockern den Boden auf und zersetzen Pflanzenabfälle. Sie beseitigen zahlreiche Eier schädlicher Insekten, kleine Raupen und Schnecken. Die Ameise ist ein Aasfresser.

Für einige Pflanzenarten sind die Ameisen sogar überlebenswichtig, weil sie darauf angewiesen sind, dass Ameisen ihren Samen verbreiten. Dazu zählen Lavendel, Veilchen, Schlüsselblumen und viele mehr.

Zahlreiche Vogelarten sind natürliche Fressfeinde der Ameise. Spechte zum Beispiel, vertilgen täglich bis zu 5000 Ameisen. Auch bei Rotkehlchen und vielen andere Vögeln stehen die Ameisen ganz oben auf dem Speiseplan.

Salbei

Gegen die Ameisen spricht:

Wenn Ameisen in übermäßiger Zahl auftreten, können sie durchaus als Schädling betrachtet werden. Sie bauen gerne ihre Nester unter Terrassenplatten, Steinstufen und höhlen so Plattenwege aus. Wenn sie von Nahrungsmitteln angezogen werden, ziehen sie in Häuser ein. In dem Fall heißt es schnell gegensteuern, die Quelle finden und sie für die Ameisen unattraktiv machen. Dabei können Lavendel, Zitronen und auch Teebaumöle oder -Konzentrate behilflich sein. Kräftige Gerüche vertreiben die Ameisen, da sie ihren Orientierungssinn stören.

Ein Ameisennest im Garten oder auch im Gewächshaus zu zerstören, sollte immer die letzte Möglichkeit sein, sie loswerden zu wollen. Wenn möglich sollte versucht werden, ein ungewünschtes Nest umzusiedeln.

Ameisenumsiedlung

Dafür nimmt man einen großen Tontopf, klebt das Loch zu, füllt ein wenig Stroh oder Holzwolle hinein und stülpt ihn umgekehrt über das Ameisennest. Ameisen lieben es dunkel und geschützt. Sie beginnen in kurzer Zeit ihr Nest in den Topf zu verlagern. Nach einigen Tagen (circa 1 Woche) einfach mit einer großen Schaufel unter den Topf fahren und das Nest dorthin umsiedeln, wo es niemanden stört. Das kann wiederholt werden, bis die Ameisenfamilie komplett umgezogen ist.

oben: Kohlweißling
unten: Kohlweißlingraupe

Kohlweißling

Bei Jung und Alt ist die Freude und das Entzücken groß, wenn im Frühling die ersten Schmetterlinge auf den Wiesen und auch im Garten auftauchen. Dem Gemüsebauer und dem Gärtner allerdings treibt der Anblick mancher Schmetterlinge eher den Schweiß auf die Stirn. Dazu gehören der große und kleine Kohlweißling. Beide Arten sind Tagfalter der Familie der Weißlinge. Ihr Verbreitungsraum erstreckt sich von Nordafrika bis nach Skandinavien.

Die **Großen Kohlweißlinge** sind gelblichweiß und haben an den Vorderflügeln schwarze Spitzen, die Weibchen zusätzlich noch zwei schwarze Punkte. Sie erreichen eine Spannweite zwischen 4 und 6 Zentimetern. Die gelbgrünen Raupen des großen Kohlweißlings werden bis zu 4 Zentimeter lang und haben schwarze Punkte.

Der kleine Bruder, der **Kleine Kohlweißling** ist im Vergleich etwas gelblicher, die dunkle Zeichnung an den Flügelspitzen etwas blasser. Insgesamt erreichen seine Flügel eine Spannweite von 3 bis 4 Zentimeter. Die Raupen sind hellgrün und werden bis zu 2,5 Zentimeter lang.

Die Eier der Kohlweißlinge

Das Leben der großen und kleinen Kohlweißlinge

Nachdem die Raupen des großen Kohlweißlings verpuppt überwintert haben, schlüpfen sie Ende April als Falter der ersten Generation. Die Weibchen legen im April und Mai jeweils circa 300 bis 400 Eier. In Kolonien zwischen 20 bis 70 Stück werden die Eier an die Blattunterseiten von Kreuzblütlern, vorwiegend an Wildkräutern, geklebt.

Beim kleinen Kohlweißling überschneiden sich die Generationen eines Jahres. Das bedeutet, dass es den ganzen Sommer über Raupen geben kann. Die Eier werden allerdings, anders als bei seinem großen Namensvetter, einzeln abgelegt. Sie sehen aus wie kleine, grüne Stifte. Nach der Eiablage stirbt der Falter.

Schlupfwespe bei der Jagd auf eine andere Raupe

Nach 10 Tagen schlüpfen die Larven. Sie fressen circa einen Monat lang, um sich dann zu verpuppen. Etwa 3 Wochen später, ungefähr Anfang Juli, schlüpfen die Falter der zweiten Generation. Sie legen nun ihre Eier an den Blattunterseiten von Kohlpflanzen jeder Art ab. Von Weißkohl über Rosenkohl, Kohlrabi und Blumenkohl. Sobald die Raupen geschlüpft sind, beginnen sie an den Blättern zu fressen. Während ihres Wachstums häuten sie sich mehrmals, bis sie ihre endgültige Größe erreicht haben. Die Raupen fressen ohne Unterlass und scheiden grünlichen Glibber aus, der den Kohl ungenießbar macht. Diese nimmersatten Raupen können ganze Ernten zerstören.

Zur Verpuppung verlassen die Raupen des Kohlweißlings ihre Nahrungspflanzen. Sie klettern an Holzpfählen oder Hauswänden hoch, verpuppen sich, überwintern und entpuppen sich im Frühling als Schmetterling.

Kohlweißlinge haben zahlreiche Fressfeinde. Die Raupen stehen unter anderem auf den Speiseplänen von Singvögeln, Igeln, Käfern und der Gartenkreuzspinne. Ihr größter Feind ist die Schlupfwespe, insbesondere die Kohlweißlings-Schlupfwespe, sowie die Erzwespe. Diese legen ihre Eier in den Larven des Schmetterlings ab.

Mischkultur ist ein gutes Mittel, um Kohlweißlinge fernzuhalten. Der Geruch der Tomatenpflanze irritiert den Kohlweißling, so lässt er sich in der Regel nicht auf Kohlköpfen unter Tomatenpflanzen nieder. Auch Knoblauch und Sellerie strömen starken Duft aus, den die Raupen nicht mögen.

Nützlich kann auch das Aufspannen von **Kulturschutznetzen** sein. Die meisten Kohlschädlinge können so einfach von den Pflanzen ferngehalten werden. Die Netze sollten allerdings möglichst während der gesamten Wuchsdauer auf den Kulturen liegen bleiben.

Auch zur Bekämpfung der Kohlweißlinge ist **Neemöl** hilfreich. Es macht Sinn, präventiv die Pflanzen 1-mal wöchentlich mit dem Neemölgemisch zu besprühen (zur eigenen Herstellung des Neemölgemisches siehe Seite 48). Bei einer bereits befallenen Pflanze wird das Neemölgemisch circa 4 Tage jeden Morgen direkt auf die Pflanze gesprüht, und zwar rundherum, auf und unter die Blätter, damit wirklich jede Stelle getroffen wird. So hat man beste Chancen, die Pflanze schädlingsfrei zu bekommen. Nützlinge, wie Bienen oder Marienkäfer, werden durch das Öl nicht gefährdet. Etwas Neemölgemisch im Gießwasser stärkt die Pflanzen über die Wurzeln.

Die Verwendung von **Algenkalk** hat einen doppelten Nutzen für die Pflanzen: Einerseits mögen die Falter den Geruch des Algenkalks nicht und anderseits trägt der, aus Korallenablagerungen der Rotalge gewonnene Algenkalk zur Bodenverbesserung bei.

Tipp

Wer öfter Brennnesselbrühe – oder Jauche in seinem Garten verwendet, sollte wissen, dass das Ausbringen der Brühe Schmetterlinge anlockt. Leider auch den Kohlweißling!

Wühlmaus

Wühlmäuse

Ganz putzig anzusehen ist sie, die Wühlmaus, die auch Schermaus, Erdratte oder Wollmaus genannt wird. Sie gehört zu den Nagern. Mit ihrem dichten, braungrauen oder auch rotbraunen Fell erreicht sie eine Körperlänge von 12 bis zu 23 Zentimeter plus einem Schwanz von circa 5 bis 12 Zentimetern Länge. Ihre Lebenserwartung liegt bei ungefähr 2 Jahren. Der Kopf ist kurz und schließt ohne Übergang an den Körper an. Tag- und auch nachtaktiv nimmt sie keinen Winterschlaf. Sie ist meist allein unterwegs, außer in der Paarungszeit und bei der Aufzucht ihrer Jungen. Sie ernährt sich vorwiegend von pflanzlichen Stoffen.

Es ist wichtig, Wühlmäuse nicht mit anderen Mäusearten, zum Beispiel der Feldmaus oder dem Maulwurf, der unter Naturschutz steht, zu verwechseln. Wühlmäuse legen sich Gangsysteme im Boden an. Das Tunnelsystem liegt relativ dicht unter der Erdoberfläche (circa 5 Zentimeter), es kann eine Länge von 25 bis 100 Meter haben und hat mehrere Eingänge. Die Tunnel an sich sind oval mit einer Breite von circa 6 bis 9 Zentimetern.

Ob es sich um einen Maulwurf oder eine Wühlmaus handelt, ist unter anderem an Erdhaufen zu erkennen. Der Haufen der Wühlmaus ist flacher und etwas kleiner als der des Maulwurfs. Außerdem ist die Erde feiner und mit Pflanzenresten vermischt.

Neben einem genauen Blick auf den Erdhaufen gibt es noch andere Möglichkeiten zu testen, ob es sich um eine Wühlmaus oder einen Maulwurf handelt. Die einfachste Möglichkeit ist, eine Karotte in den Laufgang zu legen. Die Wühlmaus frisst die Möhre an, der Maulwurf beachtet sie gar nicht. Die zweite Möglichkeit: Man macht einen Eingang der Tunnel ausfindig und zerstört die ersten 30 Zentimeter. Die Wühlmaus wird versuchen den Gang innerhalb weniger Stunden wieder neu aufzubauen. Im Gegensatz zum Maulwurf, der wühlt in der Regel einen neuen Zugang, oder baut den alten Eingang deutlich später wieder auf.

Wer eine Wühlmaus in seinem Garten entdeckt, sollte so schnell wie möglich handeln. Denn wo eine ist, kommt schnell eine zweite hinzu und dann wird aus diesen beiden ein Paar. Von dem Paar kann man dann drei bis vier Würfe mit bis zu acht Jungen im Jahr erwarten. Wenn diese sich wiederum vermehren, ist man rechnerisch schnell Gastgeber für circa 500 Tiere und dann wird es heikel. Denn alles, was unter der Erde wächst, wird ratzekahl abgefressen. Angefangen von Obstbaumwurzeln über Gemüsepflanzen, alle Arten von Knollen, Blumenzwiebeln, Wurzelgemüsen und Rasen. Auch Rosen bleiben nicht verschont.

Eine echte Herausforderung für jeden Gärtner. Am besten ist es, es kommt erst gar nicht dazu und man geht präventiv vor.

Eine effektive Möglichkeit, Wühlmäuse in Schach zu halten, sind **Wühlmausgitter.** Bevor Pflanzen, jungen Bäume, Zwiebeln oder auch Rasen in die Erde eingebracht werden, sollten die ausgehobenen Löcher

Maulwürfe stehen unter Naturschutz

oben: typischer Maulwurfshügel
unten: Spuren einer Wühlmaus

Kreuzblättrige Wolfsmilch

großzügig mit verzinktem Maschendraht unterlegt und eingerahmt werden, damit die Wühlmäuse erst gar keine Chancen haben, an die Wurzeln zu kommen. Das gilt auch für Hochbeete! Die Seitenwände der Hochbeete sollten zudem vollkommen geschlossen sein.

Ebenfalls hilfreich ist eine Mischkultur mit der **Kreuzblättrigen Wolfsmilch.** Die bis zu einem Meter hoch wachsende Wolfsmilch hat kräftige Wurzeln und verbreitet einen für die Wühlmäuse abstoßenden, äußerst unangenehmen Geruch, der sie aus dem näheren Umfeld der Pflanze vertreibt. Sie wird auch Wühlmaus – oder Springmauswolfsmilch genannt.

Von Giften, Gasen und Todfallen sollte bei der Bekämpfung der Wühlmaus grundsätzlich abgesehen werden. Diese Mittel könnten auch andere Tiere in Mitleidenschaft ziehen.

Tipp

Zwei Dinge sollte man sich bei der Wühlmausjagd wissen: Wühlmäuse sind geruchs- und lärmempfindlich.

Sie ertragen keinen Knoblauchgeruch, hassen Holunderblütenjauche, vergorene Buttermilch sowie Buttersäure. Tücher in Buttersäure getränkt und in die Gänge eingebracht sind für sie äußerst unangenehm und fordern die

Wühlmäuse zum Rückzug auf. Auch stinkende Fischköpfe, Brennspiritus und stark riechende Kräuteröle in den Gängen vertreiben die Wühlmäuse.

Immer wiederkehrende laute Geräusche in der Erde machen es der Wühlmaus schwer, sich wohlzufühlen. Schlägt man zu unterschiedlichen Zeiten auf längere Eisenstangen, die in die Gänge gerammt wurden, halten die Wühlmäuse das auf die Dauer nicht aus und ziehen weiter. Wenn Rasenflächen betroffen sind, kann ein Mähroboter helfen. Damit kommt die lärmempfindliche Wühlmaus auch gar nicht zurecht.

KAPITEL 3

Unsere sieben Lieblingskräuter

In seinem ersten praktischen Heilkräuterbüchlein beschreibt der berühmte Naturheiler und Pfarrer Johann Künzle aus der Schweiz die sogenannten verachteten und geschmähten »Unkräuter«, die in Wirklichkeit herrliche Heilmittel sind.

»Sie wurden uns von der Schöpfung in den Weg, in die Hand
und wahrlich auch unter die Füße gelegt.«

»Nichts in der Natur kommt von ungefähr
Alles kommt vom Höchsten her.
Drum tadle nie im Unverstand,
Was du nicht gründlich hast erkannt
Was du zertrampelst als den Feind,
Ist oft dein allerbester Freund.«
– Johann Künzle

Regeln für den rechten Umgang mit Kräutern

- Nur sicher erkannte Pflanzen sammeln.
- Es werden ausschließlich junge und kräftige Blätter gesammelt, »keine Kümmerlinge«, die von Rost oder anderen Schädlingen befallen sind.
- Nicht die erste Pflanze, die gesehen wird, pflücken. Es könnte die letzte ihrer Art sein.
- Von einer Pflanze nicht alle Blätter oder Blüten nehmen, es würde sie zu sehr schwächen.

- Nicht an gedüngten Feldern oder stark befahrenen Straßen sammeln.
- Beim Ernten sich für die Ernte bedanken.
- Die Kräuter werden mit einem feinmaschigen Sieb oder Kaffeefilter abgeseiht.
- Unbedingt auf Hygiene achten: Die verwendeten, möglichst dunkelglasigen Flaschen 20 bis 30 Minuten bei 120 °C im Backofen sterilisieren.
- Die Gläser und Tiegel mit Inhalt und Datum beschriften.
- Jegliche Krankheit sollte vor einer Behandlung mit Kräutern abgeklärt werden.
- Vorsicht in der Schwangerschaft: Manche Kräuter können wehenauslösend wirken.

Grundsätzlich gilt: Richtig getrocknet sind die Blätter, wenn sie immer noch ihre grüne Farbe haben und auch bei den Blüten sollte noch Farbe erkennbar sein. Dunkel verfärbte oder muffig riechendes Kraut sollte nicht mehr verwendet werden, darin sind die wertvollen Inhaltsstoffe nicht mehr enthalten.

Interessant ist es zu beobachten, welche Kräuter in der unmittelbaren Umgebung wachsen. Was will die Pflanze mir sagen? Was brauche ich? Welche Botschaft steckt dahinter?

Es gilt: »Gegen (fast) jede Krankheit ist ein Kraut gewachsen!«

Ackerschachtelhalm

Equisetum arvense L.

Latein: *equus:* das Pferd,
saeta; seta: das Tierhaar, der Schwanz;
arvense: der Acker

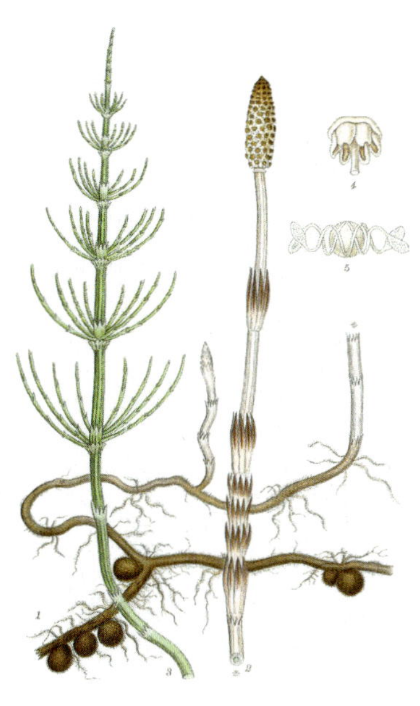

»Der Ackerschachtelhalm ist ein wahrer Gigant, was seine Heilkraft angeht.«
– Wolf-Dieter Storl

Auch bekannt als:	Zinnkraut, Acker-Zinnkraut, Zinngras, Pferdeschwanz, Katzenwedel, Scheuerkraut
Vorkommen:	ganz Europa, Asien und Nordamerika bis in die arktischen Gebiete
Familie, Höhe, Besonderheiten:	gehört zur Familie der Schachtelhalmgewächsen, Höhe: 10 bis 50 Zentimeter, mehrjährig. Der Schachtelhalm hat keine Blüten, er vermehrt sich durch Sporen. Er bildet keine Wurzeln aus, sondern ist im Boden durch ein Rhizom (griech. *rhizoma:* »Eingewurzeltes«) verankert, das bis zu 2 Metern Tiefe erreichen kann. Das Rhizom dient der Pflanze als Speicherorgan für Nährstoffe und Wasser.
Boden und Standort:	sonnige, feuchte und lehmige Böden, verträgt Staunässe
Aussaat:	durch Sporen, sie sind entweder männlich oder weiblich
Verwendbare Teile:	Sommertriebe, das sind die frischen, Wedel. Nur diese sind heilkräftig. Die Frühlingstriebe, braune Sporenkolben, dienen nur der Fortpflanzung und werden in der Regel nicht verwendet.
Sammelzeit:	**Blätter/Wedel:** Mai bis Mittsommerwende (21. Juni). In diesem Zeitraum enthalten die Wedel noch die lösliche Form der Kieselsäure, **Kolben:** März/April
Inhaltsstoffe:	vor allem Kieselsäure (organisches Silizium), Saponine, Flavonoide, Mineralien und Spurenelemente, darunter Kalium, Kalzium, Magnesium und Mangan, organische Säuren, Spuren von Alkaloiden und andere Substanzen

Wie keine andere Pflanze ist der Ackerschachtelhalm geprägt von seinem Hauptinhaltsstoff, der Kieselsäure und dem darin enthaltenen Silizium. Silizium sorgt für schöne Haut, Haare und Nägel. Es ist unentbehrlich für starke Knochen und Gelenke, hält unsere Gefäße elastisch und wirkt sich positiv auf den Cholesterinspiegel aus. Silizium ist der wichtigste Aufbaustoff für das größte zusammenhängende Gewebe in unserem Körper: das Bindegewebe. Dies schützt und umhüllt unsere Organe, umgibt unsere Muskeln und bildet die Stütz- und Stabilisierungsstruktur unseres gesamten Körpers. Es ist darüber hinaus das Bindeglied zwischen Blut und Zelle. Das Bindegewebe spielt auch in der Nervenimpulsweiterleitung eine große Rolle. Es sorgt dafür, aufgenommene Nährstoffe aus dem Darm über das Blut zur Zelle zu transportieren und dass »Abfälle« entsorgt werden können. Siliziummangel kann zu Nährstoffdefiziten oder zu einer erhöhten Giftstoffbelastung führen.

Und Silizium kann noch viel mehr: Es verdrängt Aluminium. Zu viel im Körper angereichertes Aluminium steht im Verdacht, einer der Auslöser für eine Alzheimer-Demenzerkrankung zu sein oder das Brustkrebsrisiko zu erhöhen. Kieselsäure ist ein enorm wichtiger Stoff für unsere Gesundheit, und der Ackerschachtelhalm bietet reichlich davon.

In der Technik wird Silizium übrigens in Informationsübertragungstechnologien genutzt.

Die Heilkräuterfreunde Deutschlands e.V. kürten den Ackerschachtelhalm 1997 zur Heilpflanze des Jahres.

Das Wesen des Ackerschachtelhalms

Der Ackerschachtelhalm ist astrologisch zweifelsfrei dem Saturn zugeordnet. Dieser steht für Form, Materie und Sachlichkeit, er mahnt zur Disziplin und fokussiert auf das Wesentliche. Das äußere Gerüst dieser Pflanze präsentiert sich gerade, aufrecht und schnörkellos. Kein ausuferndes Blattwerk, keine prächtigen Blüten, kein Duft stören die Klarheit der schlichten Struktur. Und so verwundert es auch nicht, dass Struktur das Hauptthema des Ackerschachtelhalmes ist. Saturn steht aber auch für Ende, Tod und Neubeginn und somit für das Beenden einer Lebensphase und den Aufbruch in einen neuen Lebensabschnitt.

Seelische Ebene des Ackerschachtelhalms

Auf seelischer Ebene unterstützt der Ackerschachtelhalm Menschen bei allgemeiner Unruhe, bei Mangel an Ordnung oder wenn Chaos im Denken herrscht, wieder Struktur und den richtigen Takt ins Leben zu bringen. Er richtet auf und macht das Kreuz gerade, so wird die Loslösung von Abhängigkeit von Normen und starren Regeln unterstützt.

Die Schachtelhalm-Urtinktur wird empfohlen, wenn es an klarer Gliederung in verschiedenen Bereichen des Lebens mangelt. Bei jungen Menschen verhilft er zur Klarheit über sich selbst und die Welt. Auf körperlicher Ebene wirkt er unter anderem zur Osteoporose-Prophylaxe.

Dosierung

der wesenhaften Schachtelhalm-Urtinktur *Equisum arvense*:

1 bis 3 × täglich 2 bis 5 Tropfen in einem halben Glas Wasser einnehmen.

Ackerschachtelhalm wächst auch auf steinigem Untergrund

Wo wir den Ackerschachtelhalm finden

Zu finden ist der Ackerschachtelhalm an Äckern, Böschungen, auf Schuttplätzen, an Bahngleisen, an Weges- oder Wiesenrändern. Er gilt als sogenannte Zeigerpflanze für Bodenverdichtung und Staunässe.

Sammeln und Konservieren

Für die innerliche Anwendung wird von den verschiedenen Schachtelhalmen nur der Ackerschachtelhalm gesammelt. Da er dem ungenießbarem Sumpfschachtelhalm zum Verwechseln ähnlich sieht, hier eine Gegenüberstellung beider Schachtelhalmarten zur sicheren Unterscheidung:

Ackerschachtelhalm	Sumpfschachtelhalm
braune Sporenkolben	**grüne Sporenkolben**
Wo wir sie finden: Wiesen, Gärten, Feldrand	**Wo wir sie finden:** Feuchte, sumpfige Gebiete
Stängelquerschnitt: 4 mm und größer	**Stängelquerschnitt:** circa 3 mm
Stängelscheiden: *Kürzer* als die ersten Glieder der dazugehörigen Seitentriebe	**Stängelscheiden:** *Länger* als die ersten Glieder der dazugehörigen Seitentriebe

Tipp

Die ineinander verschachtelten Stängel und Glieder auseinanderzupfen und mit den Bildern vergleichen.

Anwendungen

Laut der Kräuterkundigen Maria Treben sollte jeder Mensch über 40 jeden Tag eine Tasse Zinnkrauttee trinken. Dies schütze vor Gicht und Rheuma und Abnutzungserscheinungen, die mit dem Alter einhergehen.

Um Ackerschachtelhalm zu trocknen, das frische Sommerkraut zu zwei Drittel abschneiden. Das untere Drittel stehen lassen. Nach dem Waschen die Pflanze bündeln und kopfüber an einem schattigen, luftigen Ort zum Trocknen aufhängen oder im Dörrautomat bei niedriger Temperatur (35 bis 45 °C) einige Stunden trocknen. Anschließend die getrockneten Stängel zerkleinern und in verschließbaren Gläsern aufbewahren.

Wichtig

Darauf achten, dass die getrockneten Pflanzenteile ihre grüne Farbe behalten, braune Teile aussortieren.

Hildegard von Bingen nannte den Ackerschachtelhalm auch Schaftheu. Sie empfahl den Ackerschachtelhalm als Blutstiller: »*Der Pulver von Schaftheu geschnupft, stillt das Nasenbluten. Ebenso befeuchte ein Tüchlein mit dem Saft und bringe es in die Nase (oder auf die Wunde), das Bluten wird vergehen.*«

Tee

2 Teelöffel getrocknetes Kraut auf ½ Liter kaltes Wasser geben, kurz aufkochen und anschließend mindestens 20 Minuten lang köcheln lassen, damit sich die Kieselsäure aus dem Kraut löst. Anschließend den Tee abseihen.

Ackerschachtelhalmtee

Innerliche Anwendung: Als Kur 2 bis 4 Tassen pro Tag zwischen den Mahlzeiten für 4 Wochen oder regelmäßig 1 Tasse pro Tag trinken. Anzuwenden bei allgemeiner Schwäche, zu starker Monatsblutung, chronischer Bronchitis, blutenden Hämorrhoiden, zum Gurgeln bei Mandelentzündung, unterstützend bei allen aufgeführten Beschwerden.

Äußerliche Anwendung: Als Waschung bei Hautausschlägen, als kalter Umschlag bei andauerndem Nasenbluten, als Fußbad bei offenen Füßen oder Schweißfüßen, als Haarspülung für dichtes und gesundes Haar: Gerne im Verhältnis 1 zu 1 mit Brennnesseltee gemischt, auf das gewaschene Haar auftragen und im Haar belassen.

Tinktur

Getrockneten und zerkleinerten Ackerschachtelhalm in ein Schraubglas füllen. Dieses mit klarem Schnaps auffüllen (Korn, Wodka, o.Ä.) und circa 5 bis 6 Wochen an einem halbschattigen Platz bei Zimmertemperatur stehen lassen, zwischendurch schütteln. Danach durch ein feines Sieb abgießen, in dunkelglasige (braun- oder grün) Glasflaschen oder bei Bedarf zur besseren Dosierung in kleine Pipettenfläschchen füllen. Die Flaschen dunkel und kühl aufbewahren.

Innerliche Anwendung: 3 × 20 Tropfen in etwas Wasser einnehmen oder dem Tee beifügen.

Äußerliche Anwendung: Als Haartonikum für dichteres und glänzendes Haar in die Kopfhaut einmassieren, gegen Schweißfüße täglich nach dem Waschen und Trocknen die Füße damit einreiben.

Ackerschachtelhalmtinktur

Dunstumschlag

Zwei Hände getrocknetes Kraut in ein Sieb geben und über kochendem Wasserdampf erhitzen. Anschließend in ein Lein- oder Baumwolltuch wickeln und diesen Umschlag auf die entsprechende schmerzende Stelle legen.

Anzuwenden bei:

- einem schmerzhaft krampfenden Magen, zusätzlich sollte man sich warm einpacken
- Abszessen: Umschlag mehrere Stunden oder über Nacht auf die Wunde legen, zusätzlich Schachtelhalmtee trinken
- Bauchspeicheldrüsenentzündungen: 2-mal täglich für 2 Stunden oder über Nacht
- Blasenentzündung, Eierstockentzündung und generell Unterleibsbeschwerden
- schmerzenden Brüsten, Darmerkrankungen, Fisteln oder einer Gallenkolik, Gelenkbeschwerden, Hodenschwellung
- Leberproblemen: Zwei Umschläge tagsüber für 2 Stunden, den dritten über Nacht
- Lungenerkrankungen jeder Art: Zwei Umschläge tagsüber für 2 Stunden, einer über Nacht
- Lymphknotenschwellung: Drei Umschläge pro Tag für 2 Stunden

Ackerschachtelhalmsitzbad

100 Gramm Kraut werden 12 Stunden, am besten über Nacht, in 5 Liter kaltem Wasser eingeweicht. Anschließend wird der Kaltansatz erwärmt, abgeseiht und dem Badewasser hinzugefügt. Die Wanne so weit füllen, dass die Nieren bedeckt sind. 1-mal pro Woche für 20 Minuten anwenden.

Wichtig

Nicht abtrocknen, sondern in einen Bademantel gehüllt im Bett 1 Stunde nachschwitzen.

Anzuwenden bei:

- Nierenbeschwerden, um die Durchblutung zu fördern
- Bandscheibenbeschwerden
- weißem Ausfluss
- Fisteln und Zysten, dazu Umschläge
- Gelenkproblemen jeder Art, dazu 2 Tassen Tee zwischen den Mahlzeiten trinken

Übrigens ist die Brennnessel die große Freundin des Ackerschachtelhalmes. Sie mögen sich, man kann sie gut kombinieren. Sie unterstützen und verstärken sich gegenseitig in der Wirkung.

Für Genießer

Zinnkrautlimonade nach Dr. Switzer

Zutaten: Sechs bis acht frische Ackerschachtelhalmpflanzen; eine Zitrone auf Wunsch mit etwas Schale; zwei Orangen; eventuell 1 Teelöffel Honig oder Stevia zum Süßen; ½ Liter reines Wasser

Zubereitung: Alle Zutaten in einem Hochleistungsmixer pürieren und genießen!

Für Gartenfreunde

Durch das in der Kieselsäure vorhandene Silizium werden die Pflanzen allgemein gestärkt. Dies macht sie widerstandsfähiger gegen Schädlinge wie Blattläuse oder Krankheiten wie Mehltau. Die Pflanze wirkt nicht direkt auf Schädlinge, daher ist es wichtig, den Sud vorbeugend anzuwenden.

Tipp

Mit Brennnesselsud die Pflanzen düngen und die Blätter der Pflanzen mit Ackerschachtelhalm gegen Schädlinge besprühen.

Wie der Ackerschachtelhalmsud ganz leicht selbst gemacht werden kann, finden Sie auf Seite 54.

Sonstiges

Der Ackerschachtelhalm ist eine Einschleuserpflanze für verschiedene Mineralien. Bei Konsum von Ackerschachtelhalm in Verbindung mit den entsprechenden Schüßlersalzen werden folgende Mineralien vom Körper besser aufgenommen und so Mangelerscheinungen behoben oder vorgebeugt.

Als Erstes ist natürlich die Kieselsäure zu nennen, deren Gehalt in dem Ackerschachtelhalm besonders hoch ist.

Zur Kräftigung des Bindegewebes täglich Schüßlersalze Nr. 11 *Silicea D 12* und Nr. 1 *Calcium fluoratum D 12* einnehmen. Dies stärkt auch Knochen und Knorpel, Haare und Nägel.

Bei einer gestörten **Kalzium**aufnahme hilft der Ackerschachtelhalm in Verbindung mit den Schüßlersalzen Nr. 1 *Calcium fluoratum D 12* und Schüßlersalz Nr. 2 *Calcium phosphoricum D 6.* **Magnesium** wird vom Körper besser aufgenommen bei gleichzeitiger Einnahme des Schüßlersalzes Nr. 7 *Magnesium phosphoricum D 6.*

Eine verbesserte **Natrium**aufnahme findet in Verbindung mit den Schüßlersalzen Nr. 8 *Natrium chloratum D 6* und Nr. 9 *Natrium phosphoricum D 6* statt.

Die heilende Wirkung des Ackerschachtelhalms		
antimikrobiell	blutstillend	entzündungshemmend
gewebestärkend	harntreibend	immunsystemstimulierend
kräftigend	wassertreibend	Wundheilung unterstützend
zusammenziehend		

Hilfreich bei		
Akne	Arterienverkalkung	Asthma
Bandscheibenbeschwerden	Blasenleiden	Blasenschwäche
Blutungen	Cellulite	Durchblutungsstörungen
Ekzeme	Entzündungen	brüchigen Fingernägeln
Flechten	Gelenkbeschwerden	Geschwüren
Gicht	brüchigem Haar	Hämorrhoiden
Hautunreinheiten	Husten	Knochenbrüchen
zu starker Monatsblutung	Nasenbluten	Nierenbeckenentzündung
Nierengries	Nierenproblemen	Ödemen
Osteoporose	Parodontose	Rheuma
Scheidenpilz	Venenleiden	schlecht heilenden Wunden

Einfacher Beifuß

Artemisia vulgaris agg.

Artemesia, von Carl von Linné benannt nach der Königin Artemisia der 2., Latein: *vulgaris:* gewöhnlich, allbekannt

*»Beifuß ist sehr heiß
und sein Saft ist sehr nützlich.
Und wenn er gekocht und
in Mus gegessen wird, heilt er
kranke Eingeweide und
erwärmt einen kalten Magen.«*

– Hildegard von Bingen

Auch bekannt als:	Besenkraut, Gänsekraut, Dianakraut, Gewürzbeifuß, Wilder Wermut, Fliegenkraut
Vorkommen:	Europa, Asien, Nordafrika, Nordamerika, Grönland
Familie, Höhe, Besonderheiten:	Korbblütler (Asteraceae), bis zu 2 Metern hoch, mehrjährig
Boden und Standort:	jeder Boden, Sonne bis Halbschatten
Aussaat:	vermehrt sich über Samen, windbestäubt, die Pollen können Allergien auslösen
Blütezeit:	Juni bis August, je nach Region
Zeitpunkt für die Auspflanzung:	Frühling und Herbst
Verwendbare Teile:	Blätter, Samen, Wurzeln
Sammelzeit:	**Blätter:** vor der Blüte, **Wurzeln:** im Herbst
Inhaltsstoffe:	Gerbstoffe, Bitterstoffe, Artemisinin, Flavonoide wie Quercetin, Carotinoide, Cumarine, Triterpene, Vitamine, ätherische Öle, und vieles mehr

Das Wesen des Beifußes

Der einfache Beifuß ist astrologisch der Venus, dem Saturn und dem Merkur zugeordnet. Als eines der wichtigsten Kräuter für die Frauenheilkunde stärken besonders die Venusenergien des Heilkrautes das Weibliche. Sie können dabei helfen, die eigene warme und sinnliche Seite (wieder) zu entdecken, Energien zu harmonisieren, und die Intuition und die Wertschätzung für sich und andere zu fördern. Als Merkurpflanze ist sie aber auch Begleiter und Beschützer der Wanderer, die immer ein Bündel Beifuß mit sich tragen sollen, um beschützt vor bösen Mächten und Ungeziefer und frei von Müdigkeit ihr Ziel zu erreichen.

Seelische Ebene des Einfachen Beifußes

Auf der seelischen Ebene hilft der Einfache Beifuß im Prozess des Trauerns und beim Loslassen. Er bringt alles ins Fließen, in Bewegung und ist ein guter Begleiter bei Übergangsritualen. Wenn Entscheidungen getroffen werden müssen, hilft er dies entsprechend dem Fluss des Lebens zu tun.

Wo wir den Beifuß finden

Der mehrjährige Beifuß ist überall verbreitet. Er wächst auf Wegen, Schuttplätzen, an Ufern, am Bahndamm und an sandigen Hängen.

Sammeln und Konservieren

Blätter: Das obere Drittel des Krautes wird an einem trockenen Tag abgeschnitten und gebündelt an einem warmen Tag im Schatten aufgehängt oder im Dörrautomat bei niedriger Temperatur getrocknet.

Wurzeln: Die Wurzeln werden im Herbst ausgegraben, mit einer Wurzelbürste von der Erde befreit und im Dörrautomat oder Backofen bei niedriger Temperatur getrocknet.

Beifuß getrocknet

Samen: Die Stängel des Krautes werden kopfüber an einem warmen, schattigen Platz oder im Dörrautomat getrocknet. Anschließend die Samen von den Stängeln ziehen und im Mixer zerkleinern.

> **Wichtig!**
> Schwangere dürfen keine Beifußzubereitungen einnehmen!

Anwendungen

Seit über 1000 Jahren gilt der Beifuß als »*Mutter aller Heilpflanzen*«. Als eines der bedeutendsten Heilkräuter für Frauen ist er äußerst hilfreich bei gestörtem Zyklus, schmerzhafter oder ausbleibender Blutung, Unterleibsbeschwerden, Fruchtbarkeitsstörungen, Schlafstörungen, Nervosität, Blasenentzündungen oder bei kalten Füßen. Zur Geburtseinleitung kann er verräuchert werden. Beifuß sorgt auch für eine gute Darmflora und die Inhaltsstoffe befeuern den Stoffwechsel, sodass der Beifuß eine Gewichtsreduktion unterstützen kann. Zudem helfen seine Bitterstoffe dabei, andere Substanzen, wie zum Beispiel Eisen, besser aufzunehmen. Laut einer schot-

tischen Sage soll das Trinken von Brennnesselsaft im März und das Essen von Beifußblättern im Mai für beste Gesundheit sorgen.

Tee

Aus dem Kraut

1 Teelöffel getrocknetes Kraut mit kochendem Wasser übergießen und zugedeckt 10 Minuten ziehen lassen, abseihen und schluckweise 1 bis 3 Tassen pro Tag trinken.

Hilfreich bei Appetitlosigkeit, Blähungen, gestörter Fettverdauung, begleitend bei allen Infektionen, bei ausbleibender oder spärlicher Menstruation, besonders nach jahrelanger hormoneller Verhütung, unregelmäßigem Zyklus bei der Frau, verbessert die Darmflora und damit eine geregelte Verdauung.

Aus den Wurzeln

Getrocknete Wurzeln zu Pulver zerstoßen und eine Messerspitze pro Tasse aufkochen.

Hilfreich bei epilepsieartigen Verkrampfungen, Schlafstörungen, seelischen Verstimmungen.

Als Fußbad

2 bis 3 Hände voll frisches Beifußkraut in 3 Liter kaltem Wasser ansetzen und 5 Minuten kochen lassen. Vor dem Schlafengehen hilft es gegen kalte Füße und verbessert den Schlaf, ist hilfreich bei Blasenentzündungen, Eierstockentzündung, Ausfluss und Unterleibskrämpfen. Kalt lässt das Fußbad geschwollene Füße abschwellen.

Öl

Alle Pflanzenteile zerkleinern und in ein Schraubglas füllen, mit Sonnenblumen- oder Olivenöl auffüllen und 3 bis 4 Wochen auf die sonnige Fensterbank stellen. Täglich gut schütteln, damit sich kein Schimmel bildet, anschließend abseihen.

Dieses Öl wird verwendet zum Einreiben bei schweren Beinen, Hautproblemen, kleinen Verletzungen, müden Füßen oder Muskelkater. Wer es fester mag, fügt noch Bienenwachs hinzu, sodass sich die Konsistenz einer Salbe ergibt. Dazu beides leicht erwärmen, bis das Wachs etwas geschmolzen ist. Anschließend mit dem Öl vermischen, abkühlen lassen und in kleine Gläschen umfüllen.

Umschlag

Nach Hildegard von Bingen wird dafür bei Ekzemen und Beingeschwüren das frische Kraut zu Saft gepresst, mit Honig und Eiweiß vermischt und mit einem Leinentuch auf die entsprechende Stelle gelegt. Wenn diese Mischung erwärmt wird, unterstützt der Wickel auch die Behandlung von Gebärmutterentzündungen.

Beifuß als Gewürz

Fette Speisen wie zum Beispiel einem Gänsebraten, denen Beifuß beigefügt wird, macht diese bekömmlicher. Der Beifuß muss mitgekocht werden, um seine Wirkung zu entfalten und sollte nicht erst abschließend über das Essen gestreut werden.

Bei Hildegard von Bingen lesen wir: *»Aber wenn jemand isst und trinkt und davon Schmerzen leidet, dann koche er mit Fleisch, oder mit Fett oder in Mus oder in einer anderen Würze und Gemisch den Beifuß und esse ihn, und diese Fäulnis, die der Kranke sich durch frühere Speisen und Getränke zugezogen hat, nimmt er weg und vertreibt sie.«*

Altüberliefertes russisches »Göttergetränk«

Zutaten: 2 Beifußzweige; 2 Esslöffel Honig; 1 Hand voll Heidelbeeren oder 1 Tasse Heidelbeersaft; 1 Liter Wasser

Zubereitung:
Die Beifußzweige ins kochende Wasser tauchen, abkühlen lassen.
Den Honig hineinrühren und die Heidelbeeren dazugeben.
(aus WOLF-DIETER STORL; Heilkräuter zwischen Haustür und Gartenzaun)

Tipp

Beifußsamen mit Brennnesselsamen gegeben eine Powermischung, die dem Smoothie oder Kräuterquark beigemischt oder über den Salat gestreut werden kann.

Sonstiges

Beifuß ist ein Duftkraut, das ungebetenes Ungeziefer wie Motten oder Mücken vertreibt. Dafür einfach ein getrocknetes Beifußbündel in den Kleiderschrank hängen oder das Kraut verräuchern. Ein Zweig am Hosenbund getragen oder ein Gürtel aus Beifuß lindert Krämpfe des Verdauungstraktes oder Menstruationskrämpfe. Im Kopfkissen verbessert es den Schlaf bei Mensch und Tier und wirkt Nervosität entgegen. Geräuchert kann es die Geburt oder die Nachgeburt einleiten. Es wirkt allgemein krampflösend, beruhigend und stimmungsaufhellend. An der Haustür angebracht, soll es böse Geister fernhalten.

Die heilende Wirkung des Beifußes		
blutreinigend	erwärmend	gallenfördernd
menstruationsfördernd	stoffwechselanregend	

Hilfreich bei		
Appetitlosigkeit	Ausfluss	Blähungen
Durchfall	Fruchtbarkeitsstörungen	kalten Füßen
Gallenbeschwerden	Hämorrhoiden	Hautproblemen
Leberproblemen	Mundgeruch	Muskelkater
Neuralgien	Rekonvaleszenz	Schlafstörungen
Seelischen Verstimmungen	Unruhe	Verdauungsbeschwerden

Beifußelexier

Basilikum
Zitronenminze
Salbei

Wermut

Artemisia absinthium

Latein: *vermis:* der Wurm,
Englisch: *Wormwood*

*»Wermut ist sehr warm
und sehr kräftig
und der wichtigste Meister
gegen alle Erschöpfung.«*
– Hildegard von Bingen

Auch bekannt als:	Bitterer Beifuß, Absinth, Alsem, Magenkraut, Wurmtod
Vorkommen:	Europa, Nordafrika, Nordasien
Familie, Höhe, Besonderheiten:	Korbblütler (Asteraceae), zwischen 60 Zentimeter und 1,20 Meter hoch. Der Wermut ist ein Einzelgänger, er kann das Wachstum anderer Pflanzen in seiner näheren Umgebung hemmen.
Boden und Standort:	karger, lehmig-sandiger, trockener Boden; Sonne und Halbschatten
Aussaat:	sät sich selbst aus
Blütezeit:	Juni bis September
Zeitpunkt für die Auspflanzung:	März bis Mai
Verwendbare Teile:	das ganze Kraut
Sammelzeit:	in der Blütezeit von Juni bis September, dann ist die Wirkstoffkonzentration im Kraut am höchsten
Inhaltsstoffe:	Bitterstoffe wie Absinthin, Artemisinin, Harze, Gerbsäure, ätherische Öle wie Thujon, Kaffeesäure und andere mehr

Maitrunk

Etwas zu Unrecht in Verruf geraten ist der Wermut in Zusammenhang mit dem Getränk »Absinth«, dessen wichtiger Bestandteil Wermut war. Der bittere Inhaltsstoff »Thujon« kann in hohen Dosen bewusstseinsverändernd wirken. Absinth war in der Künstlerszene Anfang des vergangenen Jahrhunderts eine beliebte Modedroge, der zum Beispiel Vincent van Gogh, Pablo Picasso oder Oscar Wilde recht zugetan waren. Heute ist der Wermut den meisten in Form eines Aperitifs bekannt, der den Appetit anregt oder als Bestandteil in Kräuterschnäpsen, um die Verdaulichkeit von Speisen zu verbessern. Wermut macht fit, stärkt Körper und Geist bei Erschöpfungszuständen und Depression, und schon Hippokrates empfahl vor 2500 Jahren den Wermut bei nachlassendem Gedächtnis.

Das Wesen des Wermuts

Der Wermut ist astrologisch primär der Venus und dem Merkur zugeordnet. So wie die Venus harmonisierend und ausgleichend wirkt, steht der Merkur für Veränderung und Bewegung. Im Wermut vereinigen sich diese Planetenenergien und bringen stagnierende Energien zum Fließen. Das Heilkraut regt die Lebensenergie ebenso an wie den Blutfluss oder die Verdauungssäfte und kann so den ursprünglichen, natürlichen Zustand des Körpers und des Geistes wiederherstellen.

Seelische Ebene des Wermuts

»Wermut gegen Schwermut.« Diese Redensart verweist deutlich auf die seelische Ebene des Wermuts. Er hilft, wenn Bitternis und Traurigkeit das

Leben überschatten und eine tiefe Erschöpfung auf körperlicher und seelischer Ebene spürbar ist. Als belebendes Lebenselixier durchflutet seine Wärme wie eine wärmende Umarmung und hilft dabei, Teilnahmslosigkeit und Resignation zu überwinden und wieder aktiv und gestaltend am Leben teilzunehmen. Je bitterer sich das Schicksal zeigt, desto »bitter(er) nötig« ist bittere Medizin, und Wermut ist dafür ein wunderbares Mittel.

Wo wir Wermut finden

Wermut wächst an Wegrändern oder auf steinigem Boden. Wild ist er nur selten zu finden, meist ist er aus Gärten verwildert.

Sammeln und Konservieren

Das Kraut und die Blüten werden im Ganzen verwendet. Die oberen Teile des Krauts werden mitsamt den Blüten abgeschnitten, gebündelt und kopfüber an einem trockenen, schattigen Platz aufgehängt oder im Dörrautomat bei niedriger Temperatur getrocknet.

Schwangere sollten auf Wermut ganz verzichten!

Tee

1 Teelöffel Wermutkraut mit ¼ Liter kochendem Wasser übergießen und zugedeckt 10 Minuten ziehen lassen. Nicht süßen, das mindert die Heilwirkung. Bei Appetitlosigkeit circa ½ Stunde vor dem Essen trinken, bei Verdauungsproblemen wie Völlegefühl, Blähungen und Krämpfen nach dem Essen trinken. 1 bis 2 Tassen täglich, nicht länger als 4 bis 6 Wochen am Stück.

Wermuttee

Wermut ist die Grundlage des bekannten Maitrunkes nach Hildegard von Bingen. Dieser ist ganz einfach selbst herzustellen. Der wunderbare Hildegard-Experte Dr. Wighard Strehlow beschreibt es folgendermaßen:

Elixier/Maitrunk

Zutaten: 40 Milliliter Wermutsaft aus frischem, jungem Wermutkraut; 1 Liter Wein; 150 Gramm Honig

Zubereitung:
Frische Wermutblätter zerkleinern und in einer Saftpresse 40 Milliliter Saft herausdrücken. Den Wein aufkochen lassen, erst den Honig und anschließend den Wermutsaft hinzugeben, sofort absieben und in dunkelglasige, sterile Flaschen abfüllen.

Üblicherweise trinkt man von Mai bis Oktober jeden zweiten Tag beziehungsweise jeweils montags, mittwochs und freitags, ein volles Likörglas (25 Milliliter) auf nüchternen Magen. Bei zu viel Magensäure ist er allerdings nach dem Essen verträglicher, da er zusätzlich die Verdauungssäfte und damit auch die Magensäure anregt. Die Kur bei abnehmendem Mond zu beginnen, unterstützt die entgiftende Wirkung zusätzlich. Dieser ungemein wohltuende Trunk stärkt das körpereigene Immunsystem, jagt Schäd-

Wermuttinktur

linge aus dem Körper, hilft gegen Müdigkeit und Verkalkung und steigert unsere Lebensfreude.
Also die perfekte Gesundheitskur!

Hildegard von Bingen schreibt: »*... davon trinke von Mai bis Oktober nüchtern jeden dritten Tag. Das vertilgt die Melancholie in Dir, macht Deine Augen klar und stärkt Dein Herz.*«

Tinktur

Hierfür wird ein verschraubbares Glas mit frischem oder getrocknetem Wermutkraut im Verhältnis 1 zu 5 mit Schnaps (Wodka, Korn o. Ä.) aufgefüllt und 4 bis 6 Wochen stehen gelassen, zwischendurch schütteln. Anschließend abseihen und in einer dunkelglasigen Flasche aufbewahren. Bei Neurodermitis oder bei Teenagern, die zur »Null-Bock«-Stimmung neigen, 3-mal 10 bis 15 Tropfen täglich, hilft auch bei Wurmbefall oder Verdauungsbeschwerden.

Sonstiges

Wermut kann auch geräuchert werden. Als Abwehrmittel gegen negative Energien und als Seelenbalsam für mehr Lebensfreude. Zur Mottenabwehr können kleine, getrocknete Wermutkrautbündel im Kleiderschrank aufgehängt werden.

Für guten Schlaf kann bei Mensch und Tier ein Bündel Wermutkraut unter das Kopfkissen oder unter den Schlafplatz gelegt werden.

Die heilende Wirkung des Wermuts		
appetitanregend	blutreinigend	blutstillend
durchblutungsfördernd	entzündungshemmend	fiebersenkend
harntreibend	immunstärkend	keimtötend
krampflösend	magenstärkend	menstruationsfördernd
schweißtreibend	wurmtreibend	

Hilfreich bei		
Allergien	Altersdiabetes	Alzheimer
Arteriosklerose	Arthritis	Arthrose
Augenleiden	Autoimmunerkrankungen	Bauchspeicheldrüsen-problemen
Blähungen	chronisch-entzündlichen Darmerkrankungen	Depression
Eisenmangel	Ekzemen	Erschöpfungszuständen
Fruchtbarkeitsstörung	Gedächtnisschwäche	Geschwüren
Husten	Insektenstichen	Kopfschmerzen
Kreislaufbeschwerden	Mittelohrentzündung	Neurodermitis
Parasitenbefall	Schwächezuständen	Verstopfung
Völlegefühl	Zahnschmerzen	Wurmbefall

Einjähriger Beifuß

Artemisia annua

Latein: *Annua:* das Jahr

»Die Stärken der Artemisia Anua liegen nicht nur in der Aktivierung der Selbstheilungskräfte, sondern in der Vorbeugung von Krankheiten jeder Art.«

– Barbara Simonsohn

Auch bekannt als:	Süßes Wermutskraut
Vorkommen:	ursprünglich aus Asien, in Europa eingewandert als Neophyt
Familie, Höhe, Besonderheiten:	Korbblütler (Asteraceae), bis zu 2 m hoch und 2 m breit, einjährig
Boden und Standort:	jeder Boden, Sonne bis Halbschatten
Aussaat:	sät sich selbst aus
Blütezeit:	Juli, August
Zeitpunkt für die Auspflanzung:	Frühjahr
Verwendbare Teile:	Blüten, Blätter
Sammelzeit:	vor der Blüte
Inhaltsstoffe:	über 600 Inhaltsstoffe, unter anderem Bitterstoffe, Artemininin, Flavonoide wie Quercetin, Chlorophyll, Carotinoide, Vitamine, Eisen, Mangan, Zink, Bor, Aminosäuren, Cumarine, Triterpene, Phytosterine, ätherische Öle, und vieles mehr

»Heilpflanze der Götter«, »Königin der Heilpflanzen«: Was für eine Wertschätzung drücken die wohlklingenden Beinamen für den Einjährigen Beifuß aus. 2015 erhielt das seit Jahrhunderten verwendete Heilkraut den Nobelpreis für Medizin im Rahmen der Erforschung des Wirkstoffes Artemisinin gegen Malaria. Große Aufmerksamkeit erhielt sie besonders in den vergangenen Jahren, da sie als sehr potentes Heilmittel gegen Viren gilt. Auch als wirksames Mittel gegen Parasitenbefall ist *Artemisia annua* bekannt. Die russische Wissenschaftlerin Tamara Lebedewa hat in ihren Büchern eindrucksvoll beschrieben, warum Parasiten die Ursache für viele Krankheiten, unter anderem bestimmte Krebsarten, sein könnten. Die chinesische Volksmedizin wusste schon vor 2000 Jahren um die großartige Heilwirkung, denn *Artemisia annua* ist in der TCM, der Traditionellen Chinesischen Medizin, seit jeher ein fester Bestandteil.

Das Wesen des Einjährigen Beifuß

Der Einjährige Beifuß ist der Venus und dem Merkur zugeordnet. Diese Planetenenergien, die gemeinsam stets nach Bewegung, Ausgleich und Harmonisierung streben, regen alle Energieflüsse in Körper, Seele und Geist an.

Seelische Ebene des Einjährigen Beifuß

Auf der seelischen Ebene unterstützt der Einjährige Beifuß den Menschen, alte seelische Verletzungen sowie Verdrängtes an die Oberfläche zu bringen, zu reinigen und zu lösen. Unterdrückte Gefühle wie Wut oder Enttäuschung dürfen gesehen und transformiert werden. So wirkt dieses Kraut heilend gegen Gifte sowohl auf körperlicher als auch auf geistiger Ebene, es kann zum Beispiel schädliche oder sorgenvolle Gedanken an die eigene Zukunft wandeln.

Tee aus einjährigem Beifuß

Wo wir sie finden

Wild kommt der einjährige Beifuß kaum vor, manchmal wächst er entlang von Flüssen. Er kann aber problemlos im heimischen Garten angebaut werden.

Sammeln und Konservieren

Die Blätter werden vor der Blüte gesammelt, weil dann die Wirkstoffkonzentration am höchsten ist. Dafür den ganzen Zeig abschneiden, Blätter abstreifen, grob zerschneiden und ausgebreitet im Halbschatten oder im Dörrautomaten nicht über 38 °C trocknen lassen, damit die wertvollen Inhaltsstoffe erhalten bleiben. Blüten in ihrer Blütezeit sammeln und ebenfalls schonend trocknen. Alle Pflanzenteile werden nach dem Trocknen in Gläser gefüllt und dunkel und kühl aufbewahrt.

Tee

1 gestrichenen Teelöffel pulverisiertes oder 2 gehäufte Teelöffel frisches Kraut mit heißem, nicht mehr kochendem Wasser übergießen und 15 Minuten ziehen lassen. Nicht mehr als 3 Tassen pro Tag für wenige Wochen trinken. Hilfreich bei Menstruationsbeschwerden, Candida, Blasenentzündung, Infekten.

Wer die Blätter nicht vor der Blüte gesammelt hat, kann für den Tee auch getrocknete Blüten verwenden. Ein Dampfbad mit dem Tee befreit die Atemwege.

Pulver

Die gesammelten und getrockneten Blätter pulverisieren und in sterilen Gläsern aufbewahren. Die Einnahme mit einem gestrichenen Teelöffel starten, Menge nach Bedarf auf bis zu 2 gehäufte Teelöffel pro Tag steigern, über den Tag verteilt einnehmen. Über das Essen gestreut, in Joghurt eingerührt, als Beigabe zum Smoothie hilft das Pulver bei Parasitenbefall, begleitend bei degenerativen Krankheiten, bakteriellen und viralen Infekten und ist eine fantastische pflanzliche Eiweißquelle.

Wichtig

Nicht länger als 6 Wochen einnehmen, dann eine Einnahmepause machen.

Öl

10 Gramm *Artemisia-annua*-Pulver, 50 Milliliter Olivenöl und 10 Gramm Bienenwachs. Kraut und Olivenöl im Wasserbad circa 1 Stunde lang erwärmen, immer wieder umrühren. Anschließend das Bienenwachs hinzufügen und in sterile Gläser oder Tiegel umfüllen. Bis zu 3-mal täglich auf die entsprechende Stelle auftragen. Hilfreich bei äußerem Pilzbefall wie Fußpilz, Hämorrhoiden, Herpes simplex und Psoriasis.

Tipp
Frische Blätter auf Warzen legen und, zum Beispiel mit einem Pflaster abdecken. Fußbäder mit dem Tee helfen bei Fußpilz.

Im Garten

Der einjährige Beifuß ist ein Duftkraut, das, in der Nähe von Zier- oder Nutzpflanzen gepflanzt, Schädlinge fernhalten kann.

Räuchern

Beifuß zu räuchern, ist ein mächtiger Helfer gegen destruktive Energien jeder Art. Einfach das getrocknete Kraut in einem feuerfesten Gefäß anzünden und in allen Räumen verräuchern, anschließend gut lüften. Darüber hinaus wirkt der Rauch energetisierend und stimulierend und soll für euphorische Stimmung sorgen.

Die heilende Wirkung des einjährigen Beifußes		
antibakteriell	antikarzinogen	anregend
antithrombotisch	antiviral	blutreinigend
durchblutungsfördernd	energetisierend	entgiftend
immunstärkend	krampflösend	stimmungsaufhellend
stoffwechselfördernd		

Hilfreich bei			
Akne	Alzheimer	Asthma	Blasenentzündung
Borreliose	Darmerkrankungen	Demenz	Diabetes
Entzündungen	Erschöpfung	Fieber	Gürtelrose
Hämorrhoiden	Hautproblemen	Herpes	Hirnhautentzündung
Virusinfektionen	Bakteriellen Infektionen	Malaria	Malaria
Parasitenbefall	Pilzen	Psoriasis	Psoriasis
Rekonvaleszenz	Thrombosen	Tumoren	Verdauungsbeschwerden
Warzen			

Brennnessel

Urtica dioica oder Urtica urens

Latein: *urere:* brennen

»Wenn die Brennessel frisch aus der Erde sprießt, ist sie gekocht nützlich für die Speisen des Menschen, weil sie den Magen reinigt und den Schleim aus ihm wegnimmt.«

– Hildegard von Bingen

Auch bekannt als:	Große Nessel, Donnernessel, Hanfnessel, Haarnessel, Haarwurz, Feuerkraut
Vorkommen:	überall auf der Welt, außer im südlichen Afrika und den Polargebieten
Familie, Höhe, Besonderheiten:	Brennnesselgewächse (lat. Urticaceae), U. dioica ist mehrjährig, Höhe bis zu 1,5 Metern, U. urens ist einjährig, Höhe bis zu 60 Zentimetern. Die große, mehrjährige Brennnessel ist zweihäusig, das heißt, sie trägt die weiblichen und männlichen Blüten auf getrennten Pflanzen, die Bestäubung erfolgt durch den Wind. Die kleinere trägt die Blüten ebenfalls getrennt, aber auf derselben Pflanze.
Boden und Standort:	jeder Boden, Sonne, Halbschatten, Schatten
Aussaat:	Sät sich selbst aus
Blütezeit:	Juni bis September
Zeitpunkt für die Auspflanzung:	März bis Mai
Verwendbare Teile:	Blätter, Blüten, Samen, Wurzeln
Sammelzeit:	**Blätter:** März bis Oktober, **Blüten:** Mai bis September, **Samen:** August bis November, je nach Region, **Wurzeln:** November bis Januar
Inhaltsstoffe:	**Blätter:** Kieselsäure, Chlorophyll, Gerbstoffe, Mineralien (Magnesium, Kalzium, Kalium, Natrium), Spurenelemente wie Eisen, Zink, Mangan, Vitamine A, C und E, verschiedene B-Vitamine, Flavonoide wie Quercetin u. a., **Brennhaare:** Histamin, Acetylcholin, Ameisensäure, Serotonin u. a., **Wurzel:** Beta-Sitosterin, Sterole, Lignane, **Samen:** Eiweiß, ungesättigte Fettsäuren, Schleim, Hormone, Vorstufe von Hormonen und vieles mehr

Schon vor über 100 Jahren hat der große Schweizer Kräuterpfarrer Johann Künzle (1857–1945), ein verdienter Pionier der Naturheilkunde, geschrieben: »*Würde die Brennessel nicht brennen, wäre sie längst ausgerottet.*« Warum? Weil in diesem wunderbaren Heilkraut so viele wichtige Aufbaustoffe vorhanden sind: Mineralsalze, vor allem Eisen und Magnesium, das wertvolle Chlorophyll, welches den grünen Blättern ihre Farbe gibt, das blutreinigend wirkt und den Körper mit Sauerstoff versorgt, sowie Flavonoide, die antioxidativ wirken und viele andere mehr. Für Hippokrates, den berühmtesten Arzt des Altertums, war die Brennnessel die wichtigste Pflanze zur Blutreinigung. Und auch der in der heutigen Zeit sehr bekannte Ethnobotaniker Wolf-Dieter Storl bezeichnet die Brennnessel als »*Königin unter den Kräuterpflanzen*«.

Die Heilkräuterfreunde Deutschlands e.V./Jury NHV Theophrastus zeichnete die Brennnessel als »Heilpflanze der Jahre 1996 und 2022« aus.

Das Wesen der Brennnessel

Die Brennnessel ist astrologisch dem Mars zugeordnet. Mars ist warm, trocken und feurig. Er steht für Kraft, Dominanz, Wehrhaftigkeit, Wille, Aggression. Das Wort Aggression hat seinen Ursprung im Lateinischen. Es gibt mehrere Übersetzungsformen des Wortes »aggredi«, es wird auch mit herangehen, (etwas) angehen übersetzt. Es ist also nicht per se mit Negativität in Verbindung zu bringen, sondern Aggression stimuliert das Feuer, den Willen, den Mut und die Lebenslust.

Schmetterlinge lieben Brennnesseln

Die therapeutischen Eigenschaften von Mars sind stimulierend, aphrodisierend, tonisierend und wirken auf die Blutgefäße.

Seelische Ebene der Brennnessel

Auf seelischer Ebene unterstützt die Brennnessel den Menschen dabei, sich besser abzugrenzen, für eigene Bedürfnisse einzustehen und die Führung für das eigene Leben zu übernehmen. Sie sorgt für »Haare auf den Zähnen«, wenn wir zu lieb sind. Brennnessel-Urtinkturen werden empfohlen, wenn es an Willen und Durchsetzungskraft mangelt, für eine bessere Abgrenzung, und um erstarrte Strukturen in Seele und Körper aufzubrechen.

Dosierung

der wesenhaften Brennnessel-Urtinktur *Urtica dioica*:
Ø:1 bis 3 x täglich, 2 bis 5 Tropfen.

Brennessel dören

Wo wir sie finden

Die Brennnessel ist ein Menschenfreund. Sie siedelt sich auf stickstoffreichen, übersäuerten Böden an. Wir finden sie deshalb überall in der Nähe von Häusern, an Zäunen, Mauern, an Waldrändern, Schuttplätzen und auf Ödland.

Sammeln und Konservieren

Blätter: Die Brennnesseln werden (vormittags) an trockenen, möglichst sonnigen Tagen oberhalb des Bodens im Ganzen abgeschnitten. Nun können sie gebündelt und kopfüber an einem schattigen, luftigen Ort zum Trocknen aufgehängt oder im Dörrautomat bei niedriger Temperatur (35 bis 45 °C) getrocknet werden. Anschließend die getrockneten Blätter in verschließbaren Gläsern aufbewahren.

Wurzeln: Die Wurzeln werden gründlich von der Erde befreit und ebenfalls im Dörrautomat oder Backofen nicht über 50 °C über einige Stunden getrocknet.

Samen: Es werden die Samen von der weiblichen Pflanze gesammelt, die im Vergleich mit männlichen Pflanzen viel dichtere Samenstände aufweisen und die wegen des höheren Gewichtes herunterhängen.

Brennnesselsamen

Auch diese werden kopfüber hängend an einem schattigen, luftigen Ort oder im Dörrautomat getrocknet, anschließend abgestreift und im verschließbaren Glas oder Porzellanbehältnis aufbewahrt.

Anwendungen

»Niemals kann sich Bösartiges bilden, wenn wir unsere gute Brennnessel nicht nur ehren, sondern in regelmäßigen Abständen uns ihre wunderbare Kraft in Form von Tee einverleiben.« – Maria Treben

Tee

Basis-Teezubereitung nach Maria Treben:

1 gehäuften Teelöffel getrocknete Brennnesselblätter (frisch: 2 gehäufte Teelöffel) pro Tasse mit heißem Wasser abbrühen, eine halbe Minute ziehen lassen, abseihen und schluckweise trinken, pro Tag bis zu 4 Tassen Tee trinken.

Dieser Tee ist geeignet zur Durchführung einer Frühjahrskur, zur Blutreinigung und Blutbildung, bei Allergien, bei Harnwegsinfekten und zur Unterstützung der Nierentätigkeit, bei Leber- und Gallenproblemen, zur Magenstärkung, bei Durchfall, zur Unterstützung bei Diabetes, bei Gicht und Rheuma, bei erhöhtem Blutdruck und erhöhtem Cholesterin, als Hilfe bei Menstruationsbeschwerden, Hautkrankheiten wie Akne und Psoriasis, bei Heuschnupfen. Er reduziert die Ansteckungsgefahr in Erkältungszeiten, unterstützt den Stoffwechsel und ist vorbeugend zur Gesundheitsförderung.

Zur reinen Vorbeugung kann jeden Tag 1 Tasse Brennnesseltee getrunken werden.

Haare: Mit dem Tee wird nach der Haarwäsche das Haar gespült und danach nicht mehr ausgewaschen. Dies macht die Haare stark, dicht und glänzend.

Elixier

Brennnesselwurzeln ausgraben, unter fließendem, kaltem Wasser reinigen, klein schneiden und in Schraubgläser (circa ¾) füllen. Mit klarem Schnaps auffüllen (Korn, Wodka oder Ähnliches) und circa 5 bis 6 Wochen an einem halbschattigen Platz bei Zimmertemperatur stehen lassen, zwischendurch schütteln. Danach abgießen, durch ein feines Sieb und in dunkelglasige (braun- oder grün) Flaschen füllen, dunkel und kühl aufbewahren. 3-mal pro Tag 25 Tropfen in einem Glas Wasser trinken.

Dieses Elixier eignet sich zur Durchführung einer allgemeinen Entgiftungskur, bei Prostatabeschwerden, begleitend zu Diabetes, Gicht oder Hautkrankheiten. 6 Wochen lang das Elixier einnehmen, danach etwa 3 Monate Pause. Es sollten begleitend Zeolith, Chlorellaalgen oder Spirulina eingenommen werden, um die gelösten Gifte zu binden und auszuleiten.

Es kann als Haartonikum genutzt werden für besseres und dichteres Haarwachstum. Einfach regelmäßig in die Kopfhaut einmassieren.

Die vom Pilz befallenen Nägel oder Hühneraugen mehrmals täglich mit dem Elixier einstreichen, zusätzlich Brennnesseltee trinken.

Bad

Frische Brennnesseln, Blätter und Stängel für 12 Stunden in 5 Liter kaltem Wasser einweichen. Anschließend den Kaltansatz für das Bad erwärmen, die Kräuter bleiben im Badewasser. Das Wasser sollte bis über die Nieren reichen, das Herz sollte außerhalb des Wassers sein. Gebadet wird für 20 Minuten, anschließend nicht abtrocknen.

Dieses Bad hilft bei Gefäßverengung in den Beinen, Hämorrhoiden, Ekzemen, Psoriasis, Gicht und rheumatischen Schmerzen, unterstützend sollte der Tee getrunken werden.

Bei Gefäßverengung in den Beinen empfiehlt sich 20 Minuten lang ein möglichst heißes Fußbad im kalt angesetzten Sud der Wurzeln. Bei Hämorrhoiden helfen tägliche Sitzbäder.

Wichtig

Bei Thromboseneigung sollte vor dem Brennnesselbad ein Arzt konsultiert werden.

Brennnesselöl

Brennnesselöl nach Hildegard von Bingen

Frische Brennnesselblätter in einem Mörser zerstampfen, sodass der Saft austreten kann und diesen im Verhältnis 1 zu 1 mit Olivenöl mischen. Einen Tag ziehen lassen, abseihen und in einem verschließbaren Glas aufbewahren. Hildegard von Bingen empfahl dieses Öl gegen Vergesslichkeit und Nervosität. Dafür das Öl äußerlich zuerst auf die Brust und dann auf beide Schläfen vor dem Schlafengehen auftragen. Dies über einen längeren Zeitraum durchführen. Das Öl soll auch Krampfadern und Besenreiser vorbeugen, 2-mal täglich in die Beine einmassieren.

Für Genießer

Die frischen Blätter sollte man nur bis zur Sommersonnenwende (21. Juni) als Wildgemüse verwenden, da die Lebenskraft ab der Blüte in Pollen und Samen übergeht. Die frischen Blätter werden, wie frischer Spinat verwendet, die Brennhaare werden durch das Erhitzen neutralisiert. Sie finden Verwendung als Beilage, als Suppe, als Zutat in Aufläufen, Omeletts und Pfannkuchen, in vegetarischen Frikadellen, Reibekuchen (Kartoffelpuffern), auf der Pizza, als Bratlinge, der Fantasie sind keine Grenzen gesetzt.

Brennnesselpesto

Zutaten: 100 Gramm frische Brennnesseln; 100 ml Olivenöl; 100 Gramm Feta-Käse; 50 Gramm Walnüsse oder Sonnenblumenkerne, geröstet; Saft einer halben Zitrone; 4 Knoblauchzehen; Salz und Pfeffer

Zubereitung:
Die Brennnesseln heiß abwaschen. Sonnenblumenkerne in einer beschichteten Pfanne ohne Öl so lange rösten, bis sie duften. Alle Zutaten mischen und zerkleinern. Mit Salz und Pfeffer abschmecken.

Tipp

Wenn von diesem köstlichen Pesto etwas übrig bleiben sollte, kann es in ein Schraubglas gefüllt werden. Die Oberfläche des Pestos mit Olivenöl bedecken, damit sich die Farbe nicht verändert.

Auch die getrockneten Blätter veredeln jedes Gericht und können beliebig und je nach Geschmack hinzugefügt werden. Die Blüten können im Frühsommer dem Salat hinzugefügt werden.

Die Samen der Brennnessel haben es in sich. Nicht nur Sportler profitieren vom hohen Eiweißgehalt, sie helfen bei chronischer Müdigkeit und Leistungsschwäche, straffen das Bindegewebe, wirken aphrodisierend, potenzfördernd und beinhalten, neben einer geballten Ladung Vitamine und Mineralien, Phytohormone, die für unser Hormongleichgewicht entscheidend sind. Für junge Menschen in der Pubertät oder für Frauen während der Wechseljahre sind sie eine großartige, natürliche Hilfe, bei stillenden Müttern regen sie den Milchfluss an. Durch ihre stark immunstärkende Wirkung sind sie eine wichtige Unterstützung im Gesundungsprozess nach Krankheiten.

Die getrockneten Samen werden einfach über das fertige Essen gestreut, in den Salat, ins Müsli oder den Joghurt gegeben, als Zutat im Brot, im Smoothie oder dem Obstsalat beigefügt.

Sonstiges

Etwas brachial mutet das »Peitschen« mit Brennnesseln an. Dafür werden frische Brennnesselstängel zusammengebunden und das zu behandelnde Körperareal damit geschlagen. Durch diese äußere Behandlung wird das Blut in das erkrankte Gewebe gelenkt, sowie der Lymphfluss kräftig angeregt, was zur Ausleitung angesammelter Schlacken führt. Anwendung findet diese Methode bei Gicht und Rheuma, allgemein bei Gelenkschmerzen, Hexenschuss oder auch bei Durchblutungsstörungen an den Beinen.

Indianer und Russen haben die zerriebenen Brennnesselblätter und Wurzeln zur Blutstillung direkt auf die Wunden gestreut.

Bei einer gestörten **Eisenaufnahme** hilft die Brennnessel in Verbindung mit der täglichen Einnahme des Schüßlersalzes Nr. 3 *Ferrum phosphoricum D 12* dem Körper als sogenannte »Einschleuserpflanze« dabei, Eisen besser aufzunehmen und so Mangelerscheinungen zu beheben.

Brennnesselsamen

Tiere

Auch unsere Tiere profitieren von der geballten Kraft der Brennnessel. Bei Hunden, Katzen, Pferden oder Kaninchen werden getrocknete Brennnesselblätter und/oder Samen mit in das Futter gemischt. Sie geben Kraft und sorgen für ein glänzendes Fell. Selbst bei Hühnern wirken sie stärkend und färben die Dotter gelber.

Für Gartenfreunde

Brennnesseljauche als biologischer Dünger mit ihren Inhaltsstoffen Stickstoff und Kalium und auch Brennnesselsud mit der gelösten Kieselsäure stärken die Pflanzen und machen sie widerstandsfähiger gegen Insekten wie zum Beispiel Blattläuse. Die Anleitung zur Herstellung von Brennnesseljauche und Brennnesselbrühe finden Sie auf Seite 54.

Mit zerkleinerten Brennnesselblättern kann der Boden gemulcht werden und dient so der Vorbereitung für eine gesundes und kräftiges Pflanzenwachstum. Legt man vor dem Einsetzen einer Tomatenpflanze Brennnesselblätter in die Erde, unterstützen diese das Anwachsen und fördern ein kräftiges Wachstum. Eine neben einer Rose stehende Brennnessel hält Milben und Schmeißfliegen fern, und neben Küchenkräutern gesetzt, erhöht sie deren Gehalt an ätherischen Ölen.

Die Brennnessel entzieht dem Boden den überschüssigen Stickstoff, stellt damit das biologische Gleichgewicht wieder her und erfüllt so eine wichtige Funktion im Naturkreislauf. Der aufgenommene Stickstoff wird in der Brennnessel in Eiweißverbindungen umgewandelt.

Wer Schmetterlinge oder auch Singvögel anlocken möchte, kommt um die Brennnessel im Garten nicht herum. Von diesem hohen Eiweißgehalt werden zahlreiche (bis zu 40 verschiedene Arten) Schmetterlingsraupen angelockt, um sich von ihr zu ernähren. Die kleinsten Raupen brauchen unsere Gartenvögel, um ihre Küken zu ernähren. Wenn es Zeit zum Verpuppen

Auch Hund Ivett profitiert von der Brennnessel

wird, hängen die Puppen aber geschützt vor Fressfeinden in den Nesselhaaren, um als schönste Schmetterlinge zu schlüpfen und unseren Garten zu bereichern.

Rudolf Steiner sagte einst: *»Die Brennessel hat zwar keine bunten Blüten, aber die Schmetterlinge sind wie losgelöste Blüten der Brennessel«*

Die heilende Wirkung der Brennnessel		
antiallergen	aphrodisierend	auswurffördernd
blutbildend	blutreinigend	blutstillend
blutzuckersenkend	cholesterinsenkend	durchblutungsfördernd
entgiftend	entzündungshemmend	harntreibend
immunstärkend	krebshemmend	magenstärkend
milchbildend	schleimlösend	schmerzlindernd
stimmungsaufhellend	stuhlgangfördernd	wassertreibend
zellerneuernd		

Hilfreich bei		
Allergien	Arthritis	Arthrose
Blasenentzündung	Blutarmut oder Eisenmangel	Ekzemen
Erschöpfung	Galle- und Milzleiden	Gefäßverengung an den Beinen
Gicht	Haarausfall	Hautausschlägen
Hautunreinheiten	Hämorrhoiden	Hexenschuss
Juckreiz	Magengeschwüren	Magenkrämpfen
Menstruationsbeschwerden	Müdigkeit	Nagelpilz
Prostataproblemen	Psoriasis (Schuppenflechte)	Rheuma
Stoffwechselstörungen	Trigeminusneuralgie	Übergewicht
Verdauungsstörungen	Vergesslichkeit	Verschleimung der Lunge und des Magens

Huflattich

Tussilago farfara L. Tussilago

Latein: *tussis:* der Husten; *ago:* ich vertreibe, in Bewegung setzen

»Der große Huflattich ist kalt und feucht
und wächst deshalb kräftig.
Und in seiner Kälte hat er eine gewisse
Schärfe, so dass das Kraut, wenn es
diese nicht hätte, verdorren müsste.
Mit dieser Schärfe und mit seiner Kälte
zieht es verdorbene Säfte aus,
wenn es auf Geschwüre gelegt wird.«

– Hildegard von Bingen

Auch bekannt als:	Ackerlattich, Brustlattich, Eselhuf, Hustenkraut, Märzenblume, Rosshuf, Fohlenfuß, »Wanderers Klopapier«
Vorkommen:	Europa, Nordamerika, Asien, Nordafrika
Familie, Höhe, Besonderheiten:	Korbblütler (Asteraceae), 10 bis 30 Zentimeter hoch, mehrjährig
Boden und Standort:	kalkhaltiger, feuchter und lehmiger Boden, Sonne
Aussaat:	sät sich selbst aus, Bestäubung erfolgt durch Insekten, er ist aber nicht darauf angewiesen und kann sich selbst bestäuben
Blütezeit:	Februar bis Mai
Zeitpunkt für die Auspflanzung:	**Samen:** März bis Juli ins Freiland, **ganze Pflanze:** bis Oktober
Verwendbare Teile:	Blätter, Blüten, Stängel
Sammelzeit:	**Blätter:** April bis Juli, nur junge Blätter; **Blüten:** Februar bis Mai
Inhaltsstoffe:	Schleimstoffe, Bitterstoffe, Gerbstoffe, Flavonoide, Phytosterine, Glykoside, Inulin, Kieselsäure, Kalium, Magnesium, Natrium, Zink, Pyrrolizitinalkaloide, Spuren eines ätherischen Öls und vieles andere mehr

Hinweis
Huflattich kann die möglicherweise gesundheitsschädlichen Pyrrolizidinalkaloide enthalten. Er scheint diese Stoffe in seinen Blättern in geringen Mengen zu bilden, wenn er unter Stress steht, also bei Wassermangel, Schädlingsbefall oder schlechten Wachstumsbedingungen. Daher werden sicherheitshalber frische, junge Blätter gesammelt. Huflattich wird seit Jahrhunderten als Heilkraut angewendet, ohne dass eine negative Wirkung beim Menschen beschrieben wurde.

Wie der Löwenzahn ist der Huflattich ein Frühlingsbote und eine »Wetterzeigerpflanze«. Bei Nacht neigt sich das Blütenköpfchen nach unten, bei kaltem oder regnerischem Wetter öffnet sie sich überhaupt nicht. Die Blätter kommen erst einige Wochen nach dem Verwelken der Blütenstängel (»Sohn vor dem Vater«), eine sehr interessante botanische Eigenart des Huflattichs.

Die Jury NHV Theophrastus zeichnete den Huflattich als »Heilpflanze des Jahres 1994« aus.

Das Wesen des Huflattichs

Der Huflattich ist astrologisch primär dem Merkur zugeordnet und der Sonne. Merkur steht unter anderem für Wachstum, Verbindung und Kommunikation. Die Lunge und die Bronchien haben auch die Kommunikation mit dem Außen und mit unserem Inneren zum Thema. Probleme, die nicht zum Ausdruck gebracht werden können, bleiben in der Lunge stecken. Atmen ist Leben, Lebenskraft und Lebenslust und Huflattich unterstützt das freie Atmen. Die Signatur der gelben Blüten des Huflattichs, die wie kleine Sonnen aussehen, strahlen diese geballte Lebensenergie aus.

Seelische Ebene des Huflattichs

Der Huflattich hilft uns, hartnäckige Ängste oder – möglicherweise unrealistische – Wünsche bewusst zu machen und diese in eine Annahme der Realität zu verwandeln. Das verschafft Erleichterung. Die geistige Beweglichkeit und Anpassungsfähigkeit werden unterstützt, Illusionen werden leichter durchschaut, das Anklammern an eigene Schattenseiten gelöst und die Kommunikation zwischen dem Bewusstsein und Unterbewusstsein verbessert. Wie der Löwenzahn ist der Huflattich ein Lichtbringer, der (wieder) Sonne in unser Gemüt zaubert und uns Energie und Lebensfreude zurückbringt.

Wo wir den Huflattich finden

Huflattich wächst an sonnigen, kahlen Stellen, meist auf feuchten Böden, feucht-lehmigen Äckern, an Ufern, Gräben, Flussufern oder Waldrändern. Er gilt als sogenannte Zeigerpflanze für staunasse Böden.

Sammeln und Konservieren

Hinweis

Huflattich kann eventuell mit der Weißen Pestwurz verwechselt werden. Die Blätter der Pestwurz sehen den Huflattichblättern recht ähnlich, werden allerdings wesentlich größer. Weitere Unterscheidung: Der Huflattich hat eher dunkle Blattränder und seine Blätter erscheinen beim Anfassen dick und lederartig. Die Stängel haben eine Längsrille, während die Stängel der Pestwurz komplett rund, länger und dicker sind. Eine Verwechslung wäre allerdings nicht dramatisch, da die Pestwurz nicht giftig ist. Ihre Blätter können ebenfalls für äußere Umschläge genutzt werden und die Blätter der Pestwurz werden so groß, dass sie als alternatives Einwickelpapier für Fleisch bzw. Fisch oder als Ersatz für Butterbrotpapier/Alufolie verwendet werden können. Vom Huflattich werden erst die Blüten gesammelt und später die Blätter, gleichzeitig wachsen sie nicht.

oben: Blätter des Huflattich
unten: Blätter der Pestwurz

Blätter: Die jungen, frischen Huflattichblätter werden vormittags an trockenen, möglichst sonnigen Tagen, abgeschnitten. Nach dem Waschen werden sie in lockerem Abstand aufgefädelt und kopfüber an einem schattigen, luftigen Ort zum Trocknen aufgehängt oder schon klein geschnitten im Dörrautomat bei niedriger Temperatur (35 bis 45 °C) getrocknet.

Anschließend werden die getrockneten Blätter in verschließbaren Gläsern aufbewahrt.

Blüten: Die jungen, geöffneten Huflattichblüten werden an trockenen Tagen gesammelt und entweder unmittelbar danach verarbeitet oder an der Luft, im Dörrautomat oder im Backofen bei niedriger Temperatur für eine spätere Verwendung getrocknet.

Stängel: Die jungen Stängel des Huflattichs können, frisch abgeschnitten, wie frischer Spargel zubereitet werden.

Wurzeln: Die Wurzeln des Huflattichs können vom September bis zum Frühjahr ausgegraben, gewaschen und zerkleinert mit anderem Wurzelgemüse gekocht werden.

Anwendungen

Hildegard von Bingen beschreibt den Kleinen Huflattich als wertvollen Helfer für eine kranke Leber.

»Der Kleine Huflattich ist mehr warm als kalt. Und wenn ein Mensch verschiedenartige Speisen ohne Maß zu sich genommen hat und deswegen seine Leber geschädigt ist und verhärtet, dann nehme dieser (Mensch) eben dieses Kraut (Kleinen Huflattich) und zweimal so viel Wegerichwurzeln und ebenso viel wie vom Kleinen Huflattich von dem Brei, der um die Birnenmistel ist. Er schneide alles in kleine Stücke, durchbohre diese Stück mit einem feinen Werkzeug, streiche in diese Löcher den erwähnten Brei und lege sie so in reinen Wein. Und trinke das nach dem Essen ebenso wie nüchtern, nicht gekocht, sondern nur mit Wein angesetzt, und die Leber wird heilen.«

– Hildegard von Bingen

Schon die alten Griechen kannten den Huflattich als **DAS** Hustenmittel schlechthin und der lateinische Name *tussilago*, der »Hustenvertreiber«, beschreibt seine Hauptwirkung. Kaum ein Hustentee kommt ohne Huflattich aus. Er hilft bei allen akuten und chronischen Atemwegserkrankungen sowie bei Lungenleiden wie Staublunge oder Lungenemphysem. Seine Schleimstoffe legen sich wohltuend auf gereizte und entzündete Schleimhäute der Atemwege. Heilpflanzen für unsere Atemwege sind dieser Tage wichtiger denn je, da diese nicht nur Symptome bekämpfen, sondern auch Lunge und Bronchien kräftigen und so widerstandsfähiger machen gegen die immer hartnäckiger werdenden Atemwegserkrankungen.

Innerliche Anwendung

Huflattichhustentee nach Maria Treben

1 Teelöffel getrocknete Blätter und Blüten zu gleichen Teilen mit kochendem Wasser übergießen und ½ Minute ziehen lassen. Abseihen und mit Honig gesüßt mehrmals pro Tag eine Tasse möglichst heiß trinken. Hilft bei Reizhusten, akuten oder chronischen Atemwegserkrankungen, Reizungen im Mund- und Rachenraum, Kehlkopfkatarrh, Heiserkeit und Mandelentzündung. Nicht länger als 4 bis 6 Wochen anwenden.

Tinktur, Hustentee und Essenz aus Huflattich

Elixier

Eine große Handvoll Blüten oder junge Blätter werden in ein Schraubglas gefüllt und mit 1 Liter klarem Schnaps (Korn, Wodka) aufgefüllt. 6 Wochen in der Wärme stehen lassen, zwischendurch schütteln. Anschließend abseihen und in dunkle, verschraubbare Gläser umfüllen. Das Elixier ist problemlos 2 bis 3 Jahre haltbar. 3-mal täglich 8 bis 10 Tropfen pur oder mit etwas Zucker einnehmen. Das Elixier wirkt wie der Tee. Bei Raucherhusten Tee und Elixier gleichzeitig über 4 bis 6 Wochen anwenden.

Hustensirup für Kinder

Blüten oder junge, klein geschnittene Blätter immer abwechselnd mit Rohrzucker in einem Schraubglas schichten. Anschließend für 8 Wochen entweder im dunklen Keller lagern oder in der Erde vergraben. Danach den Sirup abseihen, einmal aufkochen und abgekühlt in ein dunkles, verschraubbares Glas füllen. 1 bis 2 Teelöffel pro Tag pur einnehmen oder zum Süßen im Tee verwenden.

Kräuterhonig

Kräuter und Honig sind die perfekte Kombination bei Reizhusten: Huflattich- und gerne auch Wegerichblätter schichten und abwechselnd mit Honig in ein verschraubbares Glas füllen. Circa 3 Monate an einen hellen Ort stellen, anschließend durch ein Tuch abseihen.

Kräuterwein

Kräuterweine waren früher wichtige Stärkungs- und Heilmittel. Besonders Hildegard von Bingen machte Medizinalweine bekannt und beliebt. Dafür eine Handvoll frische, gewaschene und klein geschnittene Huflattichblätter mit 1 Liter Weißwein übergießen und 3 Wochen an einem dunklen, nicht zu kalten Ort stehen lassen. Danach abseihen, in eine sterile, dunkelglasige Flasche füllen und über 6 Wochen jeden Morgen ein Schnapsglas vor dem Frühstück trinken. Besonders ältere Menschen nehmen diese Art der Darreichung in der Regel gerne zu sich.

Äußerliche Anwendung

Wunden: Huflattichblätter als Wundauflage heilen und kühlen Hautentzündungen, die sich heiß anfühlen, zum Beispiel bei Verbrennungen oder Sonnenbrand. Bei Krampfadern oder bei nicht offenen Unterschenkelgeschwüren werden die Blätter wie Wickel angewendet.

Frische und gewaschene Blätter werden mit dem Nudelholz zerquetscht und pur auf die entsprechende Stelle aufgetragen. Mit Sahne gemischt sind sie hilfreich bei Venenentzündungen. Die Mischung wird großzügig auf den betroffenen Bereich aufgetragen.

Als Fußbad bei geschwollenen Füßen: 2 Hände voll frische Huflattichblätter mit kochendem Wasser übergießen und 2 Minuten ziehen lassen. Anschließend dem Fußbad zugießen und die Füße 20 Minuten darin baden.

Bei Fieber: Frische Huflattichblätter mit dem Nudelholz zerquetschen, in ein Tuch geben und direkt auf die Brust legen.

Ohrenschmerzen: Frischer Presssaft kann gegen Ohrenschmerzen direkt ins Ohr geträufelt werden.

Für die Schönheit: Bei unreiner Haut oder Akne starken Huflattichtee mit Haferkleie mischen und auf die Haut auftragen.

Wer gerne Sommersprossen haben möchte, sollte sich täglich das Gesicht mit Huflattichblättern abreiben.

Für Gartenfreunde

Die Blüten des Huflattichs sind mit die ersten, die sich nach dem Winter zeigen. Sie sind eine wichtige Nahrungsquelle für Bienen, verschiedene Schmetterlingsarten und andere Insekten. Allerdings breitet er sich gerne und schnell aus, deshalb sollte er nicht in der Nähe von Gemüsebeeten angesiedelt werden. Wer wenig Platz hat, kann ihn auch in einen Kübel pflanzen.

Für Genießer

Klein gehackt eignen sich die jungen Blätter und Blütenköpfe des Huflattichs zur Verwendung wie Schnittlauch: als Salatbeigabe, zum Bestreuen von Butterbroten oder zum Rührei. Auch können die Blätter wie Kohlblätter verwendet werden, sie schmecken etwas nach Artischocken.

Für Raucher

Getrocknete Hutlattichblätter können pur geraucht oder dem Tabak beigemischt werden, dies tut der Lunge und den Bronchien gut.

Sonstiges

Bei einer gestörten **Magnesium**aufnahme hilft der Huflattich als sogenannte Einschleuserpflanze in Verbindung mit dem Schüßlersalz *Nr. 7 Magnesium phosphoricum D6* dem Körper dabei, Magnesium besser aufzunehmen.

Auch zum Räuchern eignet sich der Huflattich. Dafür werden getrocknete und zerkleinerte Blätter verwendet. Der Rauch des Huflattichs reinigt die Atmosphäre und schafft klare, zentrierende Energien. Da der Huflattich auch eine Sonnenpflanze ist, hilft das Räuchern in emotional schwierigen Zeiten, sich wieder dem Licht zuzuwenden, sich neu auszurichten und den Geist für Botschaften und Intuition zu öffnen. Der Rauch darf auch eingeatmet werden, er wirkt heilkräftig auf die Atemwege.

Die heilende Wirkung des Huflattich		
auswurffördernd	blutstillend	entfettend
fiebersenkend	harntreibend	hustenlindernd
krampflösend	reizlindernd	schleimlösend
schweißtreibend	stoffwechselanregend	stopfend

Hilfreich bei		
Asthma	Bronchitis	Brustfellentzündungen
Drüsenentzündungen	Gelenkbeschwerden	Gesichtsrose
Gicht	Hautentzündungen	Heiserkeit
Husten	Kehlkopfkatarrh	Kopfschuppen
Lungenemphysem	Mandelentzündungen	Muskelschmerzen
Nervenschmerzen	Ohrenschmerzen	Rheuma
Schnupfen	Skrofulose	Staublunge
Venenentzündungen		

Löwenzahn

Taraxacum sect. Ruderalia (früher Taraxacum officinale L.)

Griechisch: *taraxis:* leitet sich von dem Wort Entzündung ab.

Oma sagte immer:
»Wenn der Löwenzahn es durch den Asphalt schafft, wirst auch du ganz sicher deinen Weg finden!«

Auch bekannt als:	Apothekerkraut, Feldblume, Kuhblume, Pissnelke (wegen seiner harntreibenden Wirkung), Pusteblume
Vorkommen:	weltweit, eher nördliche Hemisphäre als südliche
Familie, Höhe, Besonderheiten:	Korbblütler, bis 45 Zentimeter hoch, mehrjährig
Boden und Standort:	jeder Boden, Sonne, Halbschatten; sehr nasse Flächen meidet der Löwenzahn
Aussaat:	sät sich selbst aus, Bestäubung erfolgt durch Insekten, er ist aber nicht darauf angewiesen, kann sich auch selbst bestäuben
Blütezeit:	April bis Juni/Juli
Verwendbare Teile:	Blätter, Blüten, Stängel, Wurzeln
Sammelzeit:	**Blätter:** immer, mit fortschreitender Jahreszeit werden die Blätter bitterer; **Blüten:** April bis Juni; **Stängel:** April bis Juni; **Wurzeln:** von September bis März
Inhaltsstoffe:	Die meisten Inhaltsstoffe sind in allen Pflanzenteilen in unterschiedlicher Gewichtung vorhanden. **Blätter und Blüten:** Bitterstoffe, Mineralstoffe, besonders Kalium, Kalzium, Magnesium, Spurenelemente wie Eisen, Mangan und Zink, Vitamine, Cholin, **Stängel:** Bitterstoffe, Triterpene, Harze, **Wurzel:** Inulin (im Frühjahr circa 1,5 %, im Herbst circa 40 %), Bitterstoffe, Gerbstoffe, Schleimstoffe, B-Vitamine, Vitamine C, D und E, Flavonoide

Welch eine Kraft steckt in dieser Pflanze! Der Löwenzahn ist nahezu unverwüstlich und anpassungsfähig, es drängt ihn durch die kleinsten Ritze in Richtung Licht. Er ist beweglich und wandlungsfähig. An feuchten, halbschattigen Plätzen entwickelt er große Blätter und wächst aufrecht, an kargen, trockenen, sonnigen Orten bleiben die Blätter eher in Bodennähe und bilden mehr spitzere Zacken aus. Wird der Löwenzahn gemäht, hält er seine Blätter bodennah und lässt nur kurze Stängel wachsen. Seine Reaktionsfähigkeit zeigt er auch daran, dass er bei sonnigem Wetter den ganzen Tag blüht und sich bei Regenwetter schließt. Er ist somit eine »Wetterzeigerpflanze«. Löwenzahn erträgt große Temperatur- und pH-Wert Schwankungen und ist bis auf fast 3000 Meter Höhe zu finden.

Der Löwenzahn verdankt seinen Namen seinen Blättern, die – mit ein wenig Fantasie – an die Zähne eines Löwen erinnern. Auf Englisch heißt er »Dandelion« – im Französischen auch *la dent-de-lion,* ebenfalls Zahn des Löwen.

Das Wesen des Löwenzahns

Der Löwenzahn ist astrologisch, neben der Sonne, primär dem Jupiter zugeordnet. Jupiter steht unter anderem für Expansion, Wachstum, Wahrheit. Für echtes Selbstbewusstsein und Sinn für Gerechtigkeit. So wenig, wie Jupiter ist der Löwenzahn bereit, sich in Normen und Strukturen einzufügen. Seine sonnigen Energien zeigt schon das Äußere seiner Blüte, die Energie, Wärme, Harmonie, Freude und Licht ausstrahlt.

Seelische Ebene des Löwenzahns

Der wandlungsfähige Löwenzahn hilft, alte Strukturen und eingefahrene Denkmuster aufzulösen und ermöglicht so eine manchmal erforderliche Änderung des Blickwinkels. Der Löwenzahn zaubert nicht nur Frühlingsgold auf unsere Wiesen, sondern auch in unser Gemüt. Seine sonnig-gelbe Signatur weist ihn als Lichtbringer aus. Seine Wirkkräfte geben Frieden, wo Bitterkeit herrscht, lehren Selbstachtung und bringen uns unsere Lebensfreude zurück. Als gesellige Pflanze hilft uns der Löwenzahn dabei, auf unsere Mitmenschen zuzugehen. Er ist hilfreich für alle, die sich vor Veränderung fürchten oder nicht wissen, wie sie sie angehen sollen. Die Löwenzahnurtinktur wird empfohlen, wenn Vorstellungen an die Lebenserfahrung angepasst werden müssen. Er löst »Verbitterung« und schenkt Weitblick und Klarheit.

Dosierung

der wesenhaften Löwenzahnurtinktur

Taraxacum**:** Ø 1 bis 3-mal täglich 2 bis 5 Tropfen in wenig Wasser einnehmen

Wo wir den Löwenzahn finden

Wir finden den Löwenzahn auf Wiesen und Weiden, Gärten und Parkanlagen, Ackerrändern und auch in Mauerritzen oder zwischen Gehwegplatten.

Sammeln und Konservieren

Blätter: Die Löwenzahnblätter werden vormittags an trockenen, möglichst sonnigen Tagen, oberhalb des Bodens abgeschnitten. Nach dem Waschen werden sie gebündelt und kopfüber an einem schattigen, luftigen Ort zum Trocknen aufgehängt oder im Dörrautomat bei niedriger Temperatur (35 bis 45 °C) einige Stunden getrocknet. Anschließend werden die getrockneten Blätter in verschließbaren Gläsern aufbewahrt.

Wurzeln: Die Löwenzahnwurzeln sind Pfahlwurzeln, die bis zu 2 Meter tief wachsen, werden. Sie werden bevorzugt nachmittags ausgegraben. Dabei wird mit einer langen Schaufel rund um die Wurzel tief in den Boden gestochen und vorsichtig die Erde gelockert. Anschließend die Wurzel behutsam herausziehen und mit einer Bürste unter fließendem, kaltem Wasser gründlich reinigen.

Getrocknet werden die Löwenzahnwurzeln, indem man sie der Länge nach spaltet und entweder an einem luftigen Ort zum Trocknen aufhängt oder über einige Stunden im Dörrautomat oder im Backofen nicht über 50 °C trocknet.

Stängel: Der Stängel des Löwenzahns hat keine Blätter. Er ist innen hohl und setzt einen weißlichen Milchsaft frei, sobald man ihn durchschneidet. Nach dem Schneiden wird er schnell roh verzehrt. Entgegen mancher landläufigen Meinung ist der weiße Saft des Löwenzahnstängels nicht giftig. Es können aufgrund der enthaltenen Bitterstoffe lediglich leichte Unverträglichkeiten oder Hautreizungen auftreten. Kinder, die an den Stängeln lutschen, können, durch die harntreibende Wirkung, mit nächtlichem Bettnässen reagieren.

Blüten: Die voll geöffneten Löwenzahnblüten werden an trockenen Tagen gesammelt und entweder unmittelbar danach den Speisen hinzugefügt oder an der Luft oder im Dörrautomat oder Backofen bei niedriger Temperatur für eine spätere Verwendung getrocknet.

Anwendungen

Löwenzahntee

Aus Blättern: 2 Teelöffel getrocknete Löwenzahnblätter oder 1 Esslöffel frische Blätter mit ¼ Liter kochendem Wasser übergießen, 10 Minuten ziehen lassen, abseihen. 2 bis 3 Tassen täglich für 6 Wochen trinken. Hilft besonders bei Beschwerden der Harnwege.

Aus getrockneten Wurzeln: Für diesen Tee werden 12 Stunden lang 2 gehäufte Teelöffel Löwenzahnwurzel in ¼ Liter kaltem Wasser eingeweicht. Anschließend wird der Kaltansatz erwärmt, abgeseiht und schluckweise ½ Stunde vor und nach dem Frühstück getrunken. Diese Kur sollte 4 bis 6 Wochen durchgeführt werden. Hilft besonders bei Beschwerden des Verdauungstraktes, der Leber und der Bauchspeicheldrüse

Rudolf Fritz Weiss (1895–1991), Begründer der wissenschaftlichen Pflanzenheilkunde), empfahl eine regelmäßige Reinigungskur. Wegen des zu erwartenden starken Harndranges sollte sie am Wochenende durchgeführt werden. Dazu wird 1 ganzer Liter Löwenzahnblätter- und -wurzeltee morgens nüchtern schluckweise innerhalb ¼ Stunde getrunken. Diese Kur beeinflusst das Bindegewebe positiv und lindert Bandscheibenbeschwerden, chronische Arthrose, Hexenschuss, Ischias und Steinleiden.

Wurzeln

Löwenzahnwurzeln können auch roh gegessen werden, sie reinigen das Blut und machen es dünnflüssiger. Diese Anwendung kann zur Vorbeugung gegen Herzinfarkt/Schlaganfall beitragen.

Das Inulin »füttert« außerdem unsere guten Darmbakterien, es stärkt das Immunsystem und hilft beim Abnehmen.

oben: Löwenzahnwurzel
unten: Löwenzahn geschnitten und eingelegt

Elixier

Diese Rezeptur eignet sich zur Durchführung einer allgemeinen Entgiftungskur. Sie kann alle 3 Monate für 4 bis 6 Wochen angewendet werden und bringt, besonders im Frühjahr durchgeführt, den Stoffwechsel in Schwung. Sie entgiftet den gesamten Organismus und reinigt den Körper von angesammelten Stoffwechselendprodukten, den sogenannten »Schlacken«. Sie wirkt belebend und verjüngend. Nehmen Sie am besten zusätzlich Chlorellaalgen oder Zeolith ein, damit die gelösten Giftstoffe ausgeleitet werden können. Diese Tinktur eignet sich auch sehr gut für Jugendliche, die unter Stimmungsschwankungen leiden und auf nichts Lust haben.

Elixier

Die frisch ausgegrabenen Löwenzahnwurzeln werden unter fließendem, kaltem Wasser gereinigt, klein geschnitten und zu circa ⅓ in verschraubbare Gläser gefüllt. Diese mit klarem Schnaps auffüllen (Korn oder Wodka) und circa 5 bis 6 Wochen an einem halbschattigen Platz bei Zimmertemperatur stehen lassen, zwischendurch schütteln. Danach den Inhalt der Gläser durch ein feines Sieb abgießen, in dunkelglasige (braune oder grüne) Glasflaschen füllen. Bei Bedarf zur besseren Dosierung in kleine Pipettenfläschchen umfüllen. Die Flaschen werden dunkel und kühl aufbewahrt.

Einnahme: Gestartet wird mit 3-mal täglich 10 bis 15 Tropfen vor den Mahlzeiten in ½ Glas Wasser, die Dosis kann bis auf 3-mal 30 Tropfen gesteigert werden.

Stängel

Maria Treben empfiehlt, wenn der Löwenzahn in der Blüte steht, eine zweiwöchige Kur mit Stängeln zu machen. Dazu sammelt man täglich 10 Stängel mit Blüte, wäscht sie, entfernt den Blütenkopf und zerkaut die rohen Stängel langsam im Mund. Abgespannte und müde Menschen werden während der Kur eine rasche Belebung der Lebensgeister feststellen. Sie hilft bei Gicht, generalisiertem Juckreiz, Hautausschlägen, Rheuma, Gallenleiden, Gallensteinen (hier 5 bis 6 Stängel), Lebererkrankungen und jegliche Art von Stoffwechselerkrankungen.

Mit dem Milchsaft der Stängel können auch Warzen benetzt werden, das kann das schnellere Abheilen fördern.

Der berühmte Heidelberger Arzt und Botaniker Jacob Theodor Tabernaemontanus (1522–1590), der 36 Jahre lang an seinem bis heute anerkannten Kräuterbuch arbeitete, nannte den Saft der Wurzel und des Stängels für die Augen wundertätig, er mache sie hell und nähme die unangenehmen Augenflecken, wäre also eine *»gebenedyte Arnzney«*.

Presssaft

Frisch gepflückte und gewaschene Blätter werden täglich frisch gepresst und 1-mal täglich circa 3 Esslöffel in etwas Wasser nach dem Essen getrunken. Diese Kur sollte circa 3 bis 4 Wochen dauern.

Für Genießer

Die frisch gepflückten Löwenzahnblätter eignen sich hervorragend als Salatbeigabe, als Brotauflage, als Zugabe zum Smoothie oder mit frischen Tomaten und Olivenöl gemischt als Brotaufstrich. Beim Kochen werden die Blätter wie frischer Spinat verwendet und finden Verwendung in Aufläufen, Suppen und Eintöpfen, Quiches, Pfannkuchen und vieles mehr.

Rezept Löwenzahnquiche

Zutaten: 200 Gramm Dinkelvollkornmehl; 4 Eier; 100 Gramm weiche Butter; 1 Teelöffel Salz; 1 rote Zwiebel; 5 Hände frische Löwenzahnblätter, gewaschen und abgetrocknet; 150 Gramm Sahne; Salz, Pfeffer, Muskatnuss, Koriander zum Würzen; 3 große Tomaten oder circa 10 Cocktailtomaten; Feta, wer mag; Butter oder Kokosöl zum Dünsten.

Zubereitung:
Mehl, 1 Ei, Butter und Salz zu einem geschmeidigen Teig kneten, 1 Stunde ruhen lassen. Die rote Zwiebel in Butter oder Kokosöl glasig dünsten, die Löwenzahnblätter kurz hinzufügen. 3 Eier mit der Sahne verquirlen und nach Belieben würzen. Eine feuerfeste, gefettete Form mit dem Teig auslegen, den Rand circa 2 bis 3 Zentimeter hoch ziehen und den Boden mit einer Gabel mehrfach einstechen. Nun die Zwiebelkräutermischung auf den Teig geben und mit der Eisahnemischung übergießen. Mit den in Scheiben geschnittenen Tomaten und eventuell Feta garnieren. Bei 180 °C (Umluft 160 °C) für 60 Minuten backen.

Aus den Wurzeln lässt sich auch ein schmackhafter Kaffee zubereiten, der aufgrund seines Inulingehaltes besonders für Diabetiker verträglich ist. Dazu werden die getrockneten Löwenzahnwurzeln geröstet und gemahlen und können anschließend wie normaler Kaffee zubereitet werden.

Das Pusteblumenorakel

Für die Schönheit

Löwenzahn-Gesichtswasser für eine klare, glatte Haut

Eine Handvoll geöffnete und frische Löwenzahnblüten in 400 Milliliter Wasser aufkochen und 15 Minuten lang köcheln lassen, abseihen. Nach dem Abkühlen auf die Haut auftragen, trocknen lassen und anschließend mit lauwarmem Wasser abwaschen.

Für Gartenfreunde

Die Löwenzahnwurzel ist die Milchstube für junge Regenwürmer. In der Nähe einiger Löwenzahnpflanzen gedeihen Erdbeeren besonders gut, vermutlich durch die Ausgasung von Äthylengas, das bei anderen Pflanzen das Wachstum beschleunigt.

Kinderblume

Kinder lieben Pusteblumen; wer pustet, kann in die Zukunft sehen: Je nachdem, wie viele Fallschirmchen stehen bleiben, so viele Kinder bekommt man, so viele Jahre muss man noch auf seine große Liebe warten, und wer alle Fallschirme auf einmal weg pustet, ist ein Glückskind.

Ein Rat aus der Volksmedizin: »Wer die ersten drei Löwenzahnblüten verschluckt, die er im Frühjahr entdeckt, bleibt das ganze Jahr über gesund.«

Sonstiges

Bei einer gestörten **Kalzium**aufnahme hilft der Löwenzahn in Verbindung mit dem Schüßlersalz Nr. 1 *Calcium fluoratum* D12 oder Schüßlersalz Nr. 2 *Calcium phosphoricum* D 6 dem Körper als sogenannte »Einschleuserpflanze«, Kalzium besser aufzunehmen und so Mangelerscheinungen zu beheben.

Auch zum Räuchern eignet sich der Löwenzahn. Dafür werden zerkleinerte, getrocknete Wurzeln verwendet. Der Rauch der Löwenzahnwurzel reinigt die Atmosphäre und schafft klare, transformatorische Energien. Da der Löwenzahn eine Sonnenpflanze ist, hilft das Räuchern mit Löwenzahnwurzeln, wenn die Sonne im Leben fehlt; in emotional schwierigen Zeiten. Es hilft, das Herz zu wärmen und den Geist aufzumuntern.

Die heilende Wirkung des Löwenzahns		
antimikrobiell	antirheumatisch	antiviral
blutbildend	blutstillend	entgiftend
entschlackend	entzündungshemmend	gallenflussfördernd
krebshemmend	leberunterstützend	schmerzlindernd
stärkend	stoffwechselanregend	verdauungsfördernd

Hilfreich bei		
Akne	Appetitlosigkeit	Arterienverkalkung
Blähungen	Blutarmut	Chronisches Müdigkeitssyndrom
Diabetes	Durchblutungsstörungen	mangelnder Fettverdauung
Fruchtbarkeitsstörungen der Frau und des Mannes	Gallensteinen	Gicht
Hämorrhoiden	Harnsäureausleitung	Harnwegsinfekten
trockener Haut	Kältegefühl in den Extremitäten	Knochenleiden
verdauungsbedingten Kopfschmerzen	Krampfadern	Leber- und Gallenproblemen
Magen-Darm-Beschwerden	Nervosität	Neurodermitis
Nierensteinen	Polyarthritis	Rekonvaleszenz
Rheuma	Schwäche	Sodbrennen
Stoffwechselkrankheiten	Übergewicht	Verstopfung
Viruskrankheiten	Völlegefühle	Warzen

Aktueller Hinweis aus der Forschung

Ein Extrakt aus Löwenzahnblättern blockiert die Bindung von Spike-Proteinen an den ACE2-Zelloberflächenrezeptor.

Laut einer Studie der Universität Freiburg aus dem Jahre 2021 soll die Anwendung von Löwenzahnextrakt zuverlässig und nebenwirkungsfrei verhindern, dass sich Spike-Proteine von SARS-CoV-2 an die entsprechenden Zelloberflächenrezeptoren binden. Der Extrakt auf Wasserbasis, der in einem speziellen Verfahren aus den getrockneten Blättern des Krautes gewonnen wurde, verhinderte effektiv eine Infektion mit Wildtypen und/oder verschiedenen Mutationen des Virus. Der Gebrauch eines Impfstoffes übt Druck auf das Virus aus, sich anzupassen und zu mutieren, dadurch wird die Herdenimmunität geschwächt. Deshalb zeichnet sich bei Impfstoffen bereits eine geringere Wirksamkeit gegen die sich ständig wandelnden Virusvarianten ab. Natürliche Kräuter hingegen stärken das Immunsystem und bilden eine solidere Grundlage in der Infektionsabwehr.

Eine im Jahre 2022 veröffentlichte In-vitro-Studie zur Wirksamkeit des Löwenzahnextraktes gegen die Omikron-Variante zeigte positive Ergebnisse. Der im Labor im Rahmen der Studie hergestellte Löwenzahnextrakt wirkte aber nicht nur deutlich einer Infektion entgegen, er stoppte auch die Produktion des Proteins Interleukin-6. Dieser Botenstoff beeinflusst die Entzündungsreaktionen im Körper und ruft bei Infektion unter Umständen eine überschießende Reaktion hervor. Diese ist oft schlimmer als die Infektion selbst und kann die Gefäße dauerhaft schädigen. Auch bei Autoimmunerkrankungen wie rheumatischen Erkrankungen oder Morbus Basedow spielt Interleukin-6 eine Rolle. So ist ein Ansatz auf der Suche nach einer funktionierenden Behandlung gegen eine Covid-19-Infektion unter anderem die Testung von Interleukin-6-Blockern. Diese positive Wirkung auf ein mögliches Infektionsgeschehen scheint auch für andere Korbblütler *(Asteraceae)* zu gelten, zu denen auch die Artemisiakräuter oder der Huflattich gehören.

Wegerich, Spitzwegerich

Plantago lanceolata

Latein: *planta:* die Fußsohle; *lancea:* Lanze, Speer; *major:* groß, bedeutend,
Deutsch: Wegerich: Wegekönig, Wegehüter

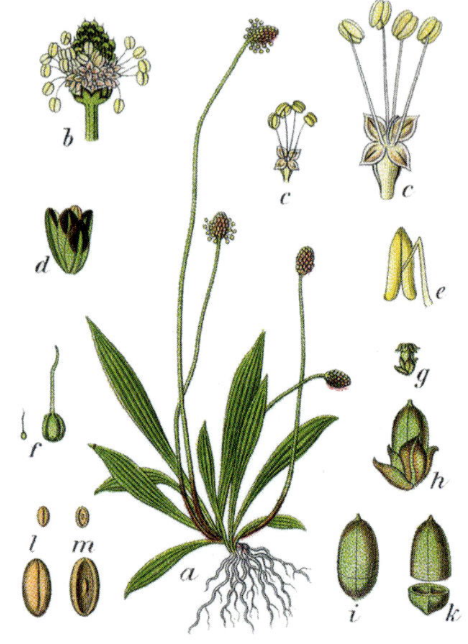

»Herrscher des Weges, vielen Dank, dass Du mich auf dem Weg begleitest und mir zu Diensten bist«

– Volksweisheit

Auch bekannt als:	Spitzwegerich: Ackerkraut, Heilwegerich, Lungenkraut, Schafzunge, Spießkraut, Wegblätter, Wegtritt, Wundwegerich, Breitwegerich: Ackerkraut, Wegerich, Wegtritt, Saurüssel, Mausöhrle. Beide sind bekannt als »Die erste Hilfe des Wanderers«.
Vorkommen:	ursprünglich aus Europa, heute überall auf der Welt
Familie, Höhe, Besonderheiten:	Wegerichgewächse, 5 bis 50 Zentimeter hoch. Hier werden zwei der bekanntesten Wegericharten zusammengefasst, weil sie sich in ihrer Heilwirkung kaum unterscheiden.
Boden und Standort:	jeder Boden, sonnig, vollsonnig bis halbschattig
Aussaat:	sät sich selbst aus. Die Verbreitung erfolgt über klebrige Samen, die an Schuhwerk, Tierpfoten und Rädern hängen bleiben. Die Indianer nannten die Pflanze deshalb englishman's foot, Fußabtritt des Bleichgesichtes.
Blütezeit:	Mai bis September
Zeitpunkt für die Auspflanzung:	März/April oder August/ September
Verwendbare Teile:	Blätter, Blüten, Samen, Wurzeln
Sammelzeit:	Blätter: März bis August; Blüten: Mai bis September; Samen: August bis November, je nach Region; Wurzeln: ab Mitte August, ab dann wird den Wurzeln die größte Heilkraft zugesprochen.

Inhaltsstoffe:	Schleimstoffe, Glycoside wie Aucubin, Gerbstoffe, Germanium, Flavonoide, Kieselsäure, Vitamin C, Vitamin K, Karotin, Kalium, Zink und vieles mehr. Beide Wegericharten enthalten dieselben wertvollen Inhaltsstoffe, wobei der Spitzwegerich als etwas heilkräftiger gilt. Allerdings hat der Breitwegerich viel mehr Samen entlang des Fruchtstandes, deshalb werden die Samen eher vom Breitwegerich gesammelt.

Der Wegerich ist ein Wegelagerer. Er begleitet uns zuverlässig auf Schritt und Tritt und ist stets zur Stelle, sobald er gebraucht wird. Gleich, ob Füße den Wegerich treten, ein Wagen über ihn fährt oder der Rasenmäher über ihn rollt, er hält sich hartnäckig und beweist damit enormen Überlebenswillen. Bei den Kelten hieß er »die heilende Pflanze« und bei den Lachnern, den Medizinmännern der Germanen, galt der Wegerich als »Mutter aller Heilpflanzen«.

Die Heilkräuterfreunde Deutschlands e.V. zeichneten den Spitzwegerich als »Arzneipflanze des Jahres 1991« aus und für den Studienkreis Entwicklungsgeschichte der Arzneipflanzenkunde war er die »Arzneipflanze des Jahres 2014«.

Das Wesen des Wegerichs

Der Spitzwegerich ist astrologisch dem Merkur zugeordnet. Merkur war einst der Gott der Reisenden und damit, wie der Wegerich, der Herrscher des Weges. Merkur steht für Kommunikation, Logik, Bewegung, Veränderung. Die Kraft des Merkur ist es, Menschen zu helfen und Dinge (wieder) ins rechte Licht zu rücken. Auf der therapeutischen Ebene steht Merkur für allgemeine Heilung, für die Atmungsorgane, das Nervensystem, für Intelligenz und Verstand. Dem Breitwegerich werden die archaischen und instinkthaften Plutokräfte zugeschrieben, die ebenfalls für hohe Emotionalität und Extreme stehen. Schattenseiten werden offenbar und können dadurch transformiert werden. Der Wegerich vertreibt die emotionale oder entzündungsbedingte Hitze und stärkt die Abwehrkräfte auf körperlicher, seelischer und geistiger Ebene.

Seelische Ebene des Wegerichs

Auf seelischer Ebene unterstützt der Wegerich den Menschen dabei, dass extreme Emotionen, die Lebenskraft absaugen, wieder ins Gleichgewicht gebracht werden. Er rhythmisiert Lebensvorgänge, lindert das Gefühl, ungerecht behandelt zu werden und bringt auf der anderen Seite Weichheit, wenn Unnachgiebigkeit herrscht. Der Wegerich gilt als »Feuerlöscher«. Er richtet nach Krisen auf, genauso wie sich die Blätter des Wegerichs nach Fußtritten immer wieder aufrichten.

Wegerich-Urtinktur wird empfohlen, wenn überschießende Emotionen abgekühlt oder entzündliche Prozesse im Körper in ihrer Heilung unterstützt werden sollen.

Dosierung

der wesenhaften Spitzwegerich Urtinktur
***Plantago lanceolata* Ø:** 1 bis 3-mal täglich 2 bis 5 Tropfen

Wo wir den Wegerich finden

Als zuverlässigen Wegbegleiter finden wir den Wegerich quasi überall, an Wegen, in Parkanlagen, auf Wiesen und Feldern. Er gilt als Zeigerpflanze für stark verdichtete Böden.

Sammeln und Konservieren

Blätter: In der Regel werden die frischen Blätter verwendet, da sie die gesamte Saison verfügbar sind. Wer sie trocknen möchte, sammelt sie vormittags an möglichst trockenen Tagen und schneidet sie oberhalb des Bodens im Ganzen ab. Nach dem Waschen werden sie auf einer Schnur aufgezogen oder in schmale Streifen geschnitten, auf Papier ausgelegt, gegen Staub abgedeckt und getrocknet. Sie können auch im Dörrautomat bei niedriger Temperatur (35 bis 45 °C) getrocknet werden. Anschließend die getrockneten Blätter in verschließbaren Gläsern aufbewahren. Bei jeder Art von Trocknung sollen die Blätter ihre grüne Farbe behalten, sonst bitte nicht mehr verwenden.

oben: Spitzwegerich, geschnitten
unten: Spitzwegerichsamen

Samen: Es können die Samen sowohl vom Spitz- als auch vom Breitwegerich gesammelt werden, wobei der Breitwegerich eine höhere Ausbeute an Samen bringt. Sie sollten sich leicht abstreifen lassen und braun sein. Die Samen in ein Sieb geben und gut durchschütteln, da viel Spreu mit gesammelt wird. Entweder frisch verwenden oder ein paar Tage auf ein Papier ausgelegt und gegen Staub abgedeckt trocknen lassen. Anschließend in Schraubgläsern aufbewahren.

Wurzeln: Die Wegerichwurzeln sind Pfahlwurzeln, die bis zu 80 Zentimeter tief wachsen. Sie werden bevorzugt nachmittags ausgegraben. Dabei wird mit einer langen Schaufel rund um die Wurzel tief in den Boden gestochen und vorsichtig die Erde gelockert. Anschließend die Wurzel behutsam herausziehen und mit einer Bürste unter fließendem, kaltem Wasser gründlich reinigen. In der Regel werden Wegerichwurzeln direkt frisch angewendet oder verarbeitet. Getrocknet werden die Wegerichwurzeln, indem man sie der Länge nach spaltet und entweder an einem luftigen Ort zum Trocknen aufhängt, oder einige Stunden im Dörrautomat oder im Backofen nicht über 50 °C trocknet.

Anwendungen

»Die Heilung geht rasch vor sich … Wie mit Goldfäden näht der Wegerichsaft jeden Riss zu, und wie an Gold sich nie Rost ansetzt, so flieht den Spitzwegerich Fäulnis und faules Fleisch.«
– Pfarrer Sebastian Kneipp

Der Wegerich gilt als das Antibiotikum unter den Heilpflanzen. Besonders der enthaltene Wirkstoff Aucubin wirkt antibakteriell und entzündungshemmend und ist vergleichbar mit der Wirkung des Penicillins. Zusammen mit den blutstillenden und reizlindernden Eigenschaften ist der Wegerich der optimale Wegbegleiter. Nicht umsonst heißt er »König der Wege«. Wir nehmen über das Atmen Lebenskraft auf, der Wegerich sorgt für freie Atemwege und so für einen freien Energiefluss.

Innerliche Anwendung

Tee

1 Esslöffel klein geschnittene frische Blätter mit kochendem Wasser übergießen und 5 Minuten ziehen lassen. Oder 2 Teelöffel getrocknete Blätter mit ¼ Liter kochendem Wasser übergießen und 10 Minuten ziehen lassen. 4 Tassen über den Tag verteilt möglichst heiß trinken. Üblicherweise wird der Tee mit Honig gesüßt, besonders bei Lungenerkrankungen. Der Tee ist hilfreich bei Husten, Heiserkeit, Verschleimung der Atemwege, allen Lungenerkrankungen und zur Unterstützung bei der Raucherentwöhnung.

Äußerliche Anwendung

Laut Maria Treben *»heilt der Wegerich jede Wunde, und sei sie auch 10 Jahre alt.«*

Spitzwegerichblätter

Blätter

Frische Wegerichblätter können bei jeder Art von Verletzung und Entzündung eine wunderbare erste Hilfe sein. Entweder werden sie mit den Fingern zerrieben oder zerkaut, da auch die im Speichel enthaltenen Stoffe antibakteriell wirken. Der so entstandene Brei wird beispielsweise direkt auf einen Insektenstich aufgetragen. Hilfreich bei Schlangenbissen, offenen Wunden, Schnittverletzungen und bei jeder Art von Entzündung wie Brustwarzenentzündung, Halsentzündung oder als Kompresse bei Augenentzündungen, bei Krampfadergeschwüren, offenen Beinen und Gürtelrose.

Frische Wegerichblätter, die man sich in die Schuhe legt, verhindern Blasenbildung an den Füßen und trocknen durch Laufen oder Wandern vorhandene Blasen aus.

Die frischen Blätter des Spitz- oder Breitwegerichs werden mit einem Nudelholz gequetscht und der Blätterbrei auf die wund gelaufenen Füße gelegt. Mehrmals täglich erneuern.

Der frische, antibiotisch wirkende Presssaft der Blätter wird für pur für Mundspülungen verwendet oder zur Behandlung und Vorbeugung von Karies eingesetzt.

Bei Ohrenschmerzen wird er in das schmerzende Ohr geträufelt.

Mit etwas Wasser verdünnt, ist er hilfreich bei Bindegewebsschwäche oder Magenproblemen.

Samen

Die Samen des Wegerichs sind ein echtes Superfood mit Vitaminen, Mineralstoffen und einer Fülle von anderen Nährstoffen. Sie sind angenehm bissfest und werden dem Müsli beigefügt, dem Brotteig, dem Smoothie, dem

Spitzwegerichsamen

Obstjoghurt, oder über den Salat gestreut. Anzuwenden bei allen Verdauungsproblemen, Durchfall oder Verstopfung. Sie sind stark stoffwechselfördernd und quellen auf wie Flohsamen, deshalb sind sie gut zur Gewichtsreduktion geeignet.

Getränk

1 Teelöffel Samen mit kochendem Wasser überbrühen, 10 Minuten ziehen lassen, entweder abseihen oder mit den Samen trinken.

Zudem gilt der Samen des Wegerichs seit jeher als Mittel gegen Steinbildung jeglicher Art, zum Beispiel bei Gallensteinen, Nieren- oder Blasensteinen. Täglich sollte man 8 Gramm Wegerichsamen mit Wegerichtee hinunterspülen.

Wurzeln

Innerlich: Die frischen Wurzeln werden gekaut bei Entzündungen im Mund, zum Beispiel bei schmerzhaften Aphten oder bei Zahnschmerzen.

Äußerlich: Bei Ohrenschmerzen wird eine Wurzel einfach ins Ohr gesteckt oder der ausgequetschte Saft der Wurzel ins Ohr laufen gelassen.

Hustensirup

Man gibt eine Schicht frische, zerkleinerte Wegerichblätter in ein Glas und gibt darauf eine Schicht Honig oder Rohzucker. Dies wiederholen, bis das Glas voll ist. Das gut verschraubte Glas vergräbt man nun für circa 3 Monate in die Erde oder stellt es an einen dunklen Ort. Anschließend abseihen und im Kühlschrank aufbewahren.

Dies ist ein toller Hustensaft für Kinder und Erwachsene.
Schneller geht es mit folgender Zubereitung nach Maria Treben:

Hustensirup nach Maria Treben

4 Hände voll gewaschene Wegerichblätter werden durch den Fleischwolf gedreht und mit einem Schuss reinem Wasser, 250 Gramm Bienenhonig und 300 Gramm Rohrzucker vermischt. Auf niedriger Stufe erwärmt man diese Mischung unter ständigem Rühren bis kurz vor dem Kochen. Hat sich alles gut vermischt, wird der Sirup in ein sauberes Glas gefüllt und im Kühlschrank aufbewahrt. Nach Maria Treben soll man täglich vor jeder Mahlzeit 1 Esslöffel dieses Sirups zu sich nehmen, Kinder 1 Teelöffel. Er wirkt blutreinigend, antibakteriell, entgiftend und beugt Verschleimungen der Atemwege vor.

Spray

Frische grüne Blätter waschen und klein schneiden. Diese circa zu ¾ in ein Schraubglas füllen und mit klarem Schnaps, zum Beispiel Wodka, auffüllen, 6 Wochen stehen lassen, zwischendurch schütteln, abseihen und in kleine Sprühflaschen abfüllen.

Das Spray findet Verwendung bei jeglicher Art von Insektenstichen, Schnittwunden, Warzen oder nach der Rasur gegen Irritationen.

Öl

Ein verschraubbares Glas zu ⅔ mit frischen, klein geschnitten Wegerichblättern füllen und mit kalt gepresstem Öl, zum Beispiel Olivenöl, auffüllen. Das verschlossene Glas für 3 Wochen an einen sonnigen, warmen Ort stellen, anschließend abseihen.

Das Öl wird bei allen Atemwegserkrankungen auf die Brust und den Rücken aufgetragen, hilft bei Insektenstichen oder Sonnenbrand.

Spitzwegerichöl

Wer es etwas fester als Öl mag, kann diese Salbe herstellen, die Wirkung ist dieselbe:

Salbe

Ein verschraubbares Glas mit frischen, gewaschenen und klein geschnittenenBlättern füllen und mit 100 Milliliter Olivenöl auffüllen. Diese Mischung dunkel und kühl stellen für 4 Wochen, zwischendurch schütteln. Anschließend abseihen, das Öl gut mit 100 Gramm geschmolzenem Biokokosöl vermischen und abkühlen lassen.

Für Genießer

Frische Wegerichblätter können wie Spinat zubereitet werden als Ergänzung in einem Pfannengericht, in Suppen, Aufläufen, Eierspeisen oder als Zutat zur Wildkräuterbutter. Klein geschnitten können die Wurzeln mit anderem Wurzelgemüse gebraten oder gekocht werden und finden Verwendung in Aufläufen, Suppen oder Eintöpfen.

Tiere

Die Wegerichsamen können allen Tieren unter das Futter gemischt werden. Sie helfen gegen Übergewicht, stärken das Immunsystem oder helfen bei Magenproblemen. Die ganzen Samenstände eignen sich als Hühner- oder Vogelfutter. Der Sirup kommt bei Atemwegserkrankungen der Tiere zum Einsatz, zum Beispiel bei trockenem Husten, Kehlkopfentzündungen oder Heiserkeit. Frische oder getrocknete Blätter können zur allgemeinen Stärkung des Immunsystems Pferden, Hunden, Kaninchen oder Meerschweinchen unter das Futter gemischt werden. Und selbstverständlich profitieren auch unsere Tiere bei kleineren Wunden oder Bissen von der Heilwirkung des Wegerichs.

Die heilende Wirkung des Spitzwegerich			
antibakteriell	beruhigend	blutreinigend	blutstillend
entgiftend	entzündungshemmend	fiebersenkend	hustendämpfend
krampflösend	magenstärkend	reizlindernd	schleimlösend
schmerzlindernd	wundheilend		

Hilfreich bei			
Atemwegserkrankungen	Asthma	Bettnässen	Blasenschwäche
Blutungen	Blut im Harn	Brandwunden	akuter und chronischer Bronchitis
Brustwarzenentzündung	Darmpilzen	Durchfall	Fettsucht
Geschwüren	Gürtelrose	Hautausschlägen	Insektenstichen
Kopfschmerzen	Lungenproblemen	Magenschleimhautentzündung	Ödemen
Raucherhusten	Reizhusten	Thrombosen	Verstopfung
Warzen	Wundblasen	Zahnfleischbluten	Zahnschmerzen

Auch Tiere profitieren vom Spitzwegerich

KAPITEL 4

Jetzt geht's ans Eingemachte!

BERNARDIN

Tomaten 2023
2023
Tomaten 2023

JETZT GEHT'S ANS EINGEMACHTE!

Mitten im Sommer geht es los mit der ersten Ernte, dann herrscht ein Überfluss, der zu diesem Zeitpunkt kaum zu bewältigen ist. So viel frische Lebensmittel auf einmal zu verbrauchen, ist kaum möglich. Zum Glück können wir die frischen, reifen Früchte und Gemüse der verschiedensten Arten so verarbeiten und haltbar machen, dass auch später im Jahr, vor allem in den nicht ertragreichen Jahreszeiten wie dem Winter, vitaminreiche und schmackhafte Produkte aus dem eigenen Garten zur Verfügung stehen. Ob ein Glas Kirschen für den Schokoladenkuchen, als Kompott zum Kaiserschmarrn oder die eingelegten Gurken zur gemütlichen Jause: Wenn man so ein selbst eingemachtes Glas öffnet, erinnert man sich gern an die Momente voller Freude und Stolz, in denen man die vielen wunderbaren Geschenke der Natur ernten durfte.

Zwischen Ernten und Genießen der Köstlichkeiten liegt das Verarbeiten und Präparieren, genau diesen Themen wollen wir uns in diesem Kapitel widmen.

Hier erfahrt ihr, welche Arten des Haltbarmachen gibt es, welche Obst- oder Gemüsesorten für welche der genannten Konservierungsform empfehlenswert sind und bekommt konkrete Beispiele. So könnt ihr direkt loslegen. Übrigens: Auch wenn man keinen Garten hat, kann man sich wunderbar bei dem Bauern in der Nähe, auf dem Markt oder auch beim Nahversorger in größeren Mengen die Grundprodukte einkaufen, um sich die eine oder andere Köstlichkeit im Gläschen für den Winter einzumachen.

Wichtig

Für alle Arten des Haltbarmachens gilt: Nur reifes und schönes Obst und Gemüse verwenden. Es sollte frei von Schadstellen sein. Überreifes oder unreifes (außer in speziellen Anwendungen) Obst und Gemüse eignet sich nicht. Die Arbeitsweise sollte einwandfrei sauber vonstattengehen. Am besten die Behälter vor der Verwendung sterilisieren, zum Beispiel durch Abkochen. Noch ein kurzer Check, ob die Einmachutensilien alle in einem einwandfreien Zustand sind. Sind alle Dichtungen intakt? Sind alle Gläser frei von Rissen und abgeplatzten Stellen oder Ähnlichem? Wenn ja, dann kann es losgehen!

Beachtet man diese Grundregeln, die mit wenig Aufwand und viel Wirkung verbunden sind, dann kippen die eingemachten Köstlichkeiten nicht, sprich sie beginnen nicht ungewünscht zu gären und verderben. Das Verderben der Speisen und das Entstehen von gefährlichen Giften kann verursacht werden durch Viren, Bakterien, Pilzen und Ähnlichem, die bei einer unzureichenden Sterilisation übrig geblieben sind.

Schimmel auf Marmelade

Schimmel ist leicht erkennbar und sollte auf keinen Fall auf die leichte Schulter genommen werden. Liegt ein Schimmelbefall vor, sollten die Speisen komplett entsorgt werden. Das Myzel des Pilzes hat wahrscheinlich das ganze Glas bereits durchdrungen, es reicht sehr viel tiefer als der sichtbare Teil des Schimmelpilzes ahnen lässt.

Eines der ersten Anzeichen von verdorbenen Speisen, die in Gläsern oder Dosen gelagert werden, ist ein ausgebeulter Verschlussdeckel oder die ausgebeulte Dose. Der Druck im Behälter ist so groß, dass er das Metall verformt. Dieser Druck entsteht durch Gase, die beim Zersetzungsprozess entstehen.

Einmachgläser vor dem Befüllen

Es empfiehlt sich immer beim Öffnen einer Konserve zu prüfen, ob der Inhalt in Ordnung ist und ob vor dem Öffnen der Deckel eventuell ausgebeult war. Wenn Schimmel oder verfärbte Stellen am Deckel oder der Oberfläche sichtbar sind, sich Blasen gebildet haben oder das Lebensmittel einen unüblichen oder strengen Geruch aufweist, heißt es: Finger weg!

Gefährlich sind Kolibakterien, Salmonellen und Clostridium botulinum. Clostridium botulinum löst Botulismus aus, eine bakterielle Vergiftung, die für Menschen gefährlich ist. Durch ausreichende Sterilisation lässt sich das allerdings gut vermeiden.

Nicht alle Pilze oder Bakterien sind für uns Menschen gefährlich. Manche Bakterien machen wir uns zum Beispiel beim Fermentieren zunutze.

Marmeladen, Säfte, Kompott, Sirup, Salziges und Fermentiertes sind Aspekte des Einmachens, die wir uns näher ansehen wollen. Ein paar nicht so typische Beispiele des Haltbarmachens, die aber sehr nahrhaft, vitaminreich und auch praktisch sind, werden ebenfalls noch genauer beschrieben; zum Beispiel Brot im Glas und eine Suppenwürze.

Beginnen wir mit den Marmeladen, Gelees, Säften, Sirup und Kompotts. Hier machen wir uns hier die Konservierung durch Zucker zunutze.

Marmelade und Gelee

Marmeladen sind mein absolutes Highlight und eine der meistverwendeten Arten, Obst haltbar zu machen. Sie sind einfach und gut geeignet, um die ersten Erfahrungen beim Einkochen zu sammeln. Ob Beeren, Äpfel, Quitten oder Steinobst wie Aprikosen, Pfirsich, Kirschen und Pflaumen, aber auch Rhabarber oder Zitrusfrüchte wie Orangen und Zitronen, aus all diesen wunderbare Erntegaben können herrliche Marmeladen und Gelees entstehen. Die Konsistenz entsteht durch das Pektin in den Früchten. Unterschiedliches Obst enthält unterschiedliche Mengen an Pektin. Wenig Pektin enthalten Pflaumen, Pfirsiche, Himbeeren oder Aprikosen, nahezu kein Pektin enthalten Erdbeeren, Brombeeren, Kirschen, Birnen und Rhabarber. Bei diesen gibt es zwei Möglichkeiten. Als Anfänger oder wenn man nicht zu sehr experimentieren möchte, macht es Sinn, zu Gelierzucker oder gekauftem Pektin zu greifen. Hier gilt es den Empfehlungen des Herstellers folgen.

Alternativ kann das Pektindefizit durch die Mischung mit Früchten mit hohem Pektingehalt wie Johannisbeeren, Äpfel und Zwetschgen oder durch Zugabe von Zitronensaft ausgeglichen werden, um den gewünschten Geliergrad zu erreichen. Zitronensaft verbessert den Geschmack und das Aroma. Er lässt die Farbe der Marmelade schöner konservieren.

Wie immer Sie sich entscheiden: Es ist ratsam, eine Gelierprobe zu machen, um den gewünschten Geliergrad zu erreichen.

Marmelade

Die gewünschten, vorhandenen Früchte werden mit Zucker bei moderater Hitze gekocht, bis sie weich sind. Während dieses Prozesses wird das Pektin in den Früchten freigesetzt. Wird normaler Zucker verwendet, kann man von einem Verhältnis 1 zu 1, also ein Teil Frucht auf einen Teil Zucker ausgehen.

Bevor es losgeht, ist es sinnvoll, die vorbereiteten sterilisierten Gläser auf ein Holzbrett bereitzustellen. Legen Sie sich einen Trichter mit einer etwas größeren Öffnung und einen Schöpfer oder eine Eingießhilfe bereit.

Nun werden die Früchte in einem Topf erhitzt. Wenn sie kochen, 10 Minuten im Topf köcheln lassen, die erste Hälfte der gesamten Zuckermenge hinzufügen und das Ganze gut verrühren. Diese Mischung weitere 10 Minuten vor sich hin kochen lassen. Dann den restlichen Zucker hinzufügen. Alles erneut gut durchrühren und final 10 Minuten weiterköcheln. Nun kann man die Gelierprobe durchführen, um zu sehen, ob die gewünschte Konsistenz erreicht ist und die Marmelade ausreichend geliert, wenn sie abkühlt.

Dafür mit einem Löffel etwas aus dem Topf auf einen kalten Teller geben, etwas ausbreiten und abkühlen lassen. Es sollte sich nun zuerst eine Haut bilden und dann die gesamte Menge gelieren. Wenn die Konsistenz noch zu flüssig ist, die Marmelade noch etwas länger köcheln lassen. So oft die Gelierprobe wiederholen, bis sich die gewünschte Konsistenz eingestellt hat.

Optimal ist es, wenn die Gläser noch heiß oder zumindest warm sind, wenn man die

Marmelade einkochen

Marmelade in die heißen Gläser füllt. So besteht nicht die Gefahr, dass durch zu große Spannungen Risse im Glas entstehen. Füllen Sie die Gläser bis 1 Zentimeter unter dem Rand. Sind alle Gläser gefüllt, sicherstellen, dass die Ränder sauber sind und die Gläser mit den passenden Deckeln (ebenfalls frei von Mängeln und frisch sterilisiert) verschließen. Jetzt gibt es unterschiedliche Vorlieben, wie man die Gläser abkühlen lässt: Manche stellen sie einfach so wie sie sind zur Seite, sobald sie erkaltet sind, werden sie in die Speisekammer geräumt. Manche schwören darauf, die Gläser auf den Kopf zu stellen für mindestens ½ Stunde und sie dann wieder richtig herum gedreht final abkühlen zu lassen und zu verstauen. Eine weitere gängige Möglichkeit ist, die Gläser mit einer Decke oder Geschirrtüchern abzudecken. So sollen die Gläser ganz gemütlich und langsam abkühlen. Hier kann jeder seine Variante finden. Wichtig ist, die Gläser müssen heiß gefüllt werden und dicht verschlossen sein. Durch die Abkühlung entsteht ein Unterdruck, der die Deckel fest nach innen zieht. Es gibt Gläser mit Metalldeckeln und Metallschraubdeckel, die mit einem witzigen Geräusch sogar zu erkennen geben, dass das Vakuum entstanden ist.

Fruchtgelee

Gelees

Gelees werden wie Marmeladen zubereitet, allerdings ist die Grundlage nicht das zerkleinerte Obst, sondern der Obstsaft. Das bedeutet, dass zunächst das gewünschte Obst entsaftet werden muss.

Am einfachsten gelingt das Entsaften mit einem Dampfentsafter. Vorteil hier ist, dass der heiß austretende Saft sofort weiterverarbeitet werden kann zu Gelee. Auch durch langes Auskochen und anschließendes Passieren oder Ausdrücken mittels eines Passiertuchs kann der Saft gewonnen werden.

Gerade Johannisbeeren, die einen hohen Pektinanteil haben, lassen sich sehr gut als Gelee einkochen. Verwendet man beim Gelieren Obst mit geringem Pektingehalt, muss

dieser mithilfe von Zitronensaft oder einer Gelierhilfe hinzugefügt werden. Ist der Saft mit Zucker aufgekocht und das Pektin beginnt zu wirken, führen wir die Gelierprobe durch und wählen damit wieder den richtigen Zeitpunkt, um das Gelee in die vorbereiteten Gläser zu füllen.

Säfte und Sirup

Wir kennen nun die Grundlagen über Marmeladen und Gelees, machen wir nun einen kleinen Abstecher zu den Säften. Da bei den Gelees die Basis der Saft der Früchte ist, haben wir eigentlich das Entsaften dort schon kurz behandelt. Hier nun die wichtigsten Aspekte des Entsaftens. Dampfentsaften ist besonders gut geeignet bei Beerenobst wie Johannisbeeren. Darüber hinaus gibt es Zentrifugalentsafter oder auch den Pressentsafter, der das Gut auspresst, optimalerweise mit zwei gegenläufigen Schnecken. Vorteil von diesen Entsaftern ist, dass es besonders schonend ist. Mit diesen sogenannten Slow Juicern können auch Kräuter und Blattgrün wie Weizen- oder Gerstengras entsaftet werden. Um die Säfte haltbar zu machen, müssen sie eingekocht werden. Das bietet sich eher für Obstsorten an, die gerade durch größere Erntemengen zu einem sehr begrenzten Zeitraum verfügbar sind.

Saft einkochen

Zum Einkochen der Säfte Zucker, der auch hier als Konservierungsmittel dient, je nach gewünschtem Süßungsgrad zum Saft geben. Alles in einem großen Topf aufkochen und etwas köcheln lassen. Anschließend den Saft in frisch sterilisierte, noch heiße Flaschen abfüllen, sofort luftdicht verschließen und gemächlich abkühlen lassen. Nachdem die Abfüllung ausgekühlt ist, kühl und möglichst bei gleich bleibenden Temperaturen lagern. Sehr gut eignen sich Bügelflaschen zur Lagerung.

Ebenfalls zu den Säften gehört der Sirup. Speziell Holunder-, Minze- oder Zitronenmelissesirup sind sehr begehrt und die Zutaten sind meist in großen Mengen verfügbar. Den Holunder findet man gerade in Deutschland, Österreich und der Schweiz überall am Waldrand. Minze und Zitronenmelisse breitet sich schnell aus, wenn man ihnen nicht Grenzen vorgibt. Beide sind also in den meisten Gärten reichlich vorhanden.

Sirup

Sirup kann gut kalt angesetzt werden. Holunderblüten mit abgekochtem, kaltem Wasser, Scheiben einer Zitrone, Zitronensäure und Zucker (Verhältnis Wasser zu Zucker 1 zu 1 oder 5 zu 3) 3 bis 4 Tage abgedeckt an einem kühlen Ort ziehen lassen. Manchmal in dieser Zeit umrühren, um den Zucker aufzulösen. Nach dieser Zeit kann die Flüssigkeit abgeseiht und gleich in Flaschen gefüllt werden. Soll der Sirup länger haltbar sein, kann man ihn abkochen und heiß in frisch sterilisierte Flaschen abfüllen.

Einmachen

Eigentlich ist mit dem Begriff Einmachen typischerweise das Kompott gemeint. Dabei wird Obst in seiner ursprünglichsten Form haltbar gemacht. Einmachen braucht nur wenig Vorbereitung. Die Grundprodukte sind Obst und eine Zuckerlösung, die zusammengefügt und gemeinsam sterilisiert werden.

Beginnen wir beim Obst. Wie schon erwähnt, sollte man darauf achten, nur Obst zu verwenden, das reif ist und keine Schadstellen hat. Vor der Weiterverarbeitung waschen und trocknen wir das Obst gut ab. Bei Steinobst, also Zwetschgen, Aprikosen, Pflaumen, Pfirsichen und so weiter werden die Früchte entsteint. Dazu diese halbieren, den Kern entfernen und dicht an dicht in die Einmachgläser geben. Auch bei Kirschen ist es ratsam, diese vorher zu entsteinen. Grob als Daumenregel kann man auf 3 bis 4 Kilogramm Obst 1 Liter Zuckerlösung rechnen. Die Zuckerlösung sollte an die Süße des Obstes angepasst werden; Obstsorten, die sehr süß sind, können mit einer leichteren Zuckerlösung, also 250 bis 500 Gramm Zucker pro

Liter Wasser und säuerliches Obst mit einer stärkeren Zuckerlösung, circa 500 bis 800 Gramm Zucker pro Liter Wasser, aufgegossen werden.

Verwendet man Obst, das in der Konsistenz sehr hart ist, kann man dieses in der Zuckerlösung vorgaren und dann heiß in die Gläser füllen. Dies gilt beispielsweise für Äpfel, Birnen, Quitten, Pfirsiche und Aprikosen (wenn diese noch sehr frühreif sind). Dafür die vorbereiteten Obsthälften mit der entsprechenden Menge an Zuckerlösung in einem Topf aufkochen und ein paar Minuten köcheln lassen. Stechen Sie die Früchte an, um zu sehen, ob sie weich genug sind. Nehmen sie sie rechtzeitig vom Herd, damit kein Mus entsteht. Es sei denn, sie möchten Mus: Das Einkochen von Apfelmus ist immer eine großartige Option.

Haben wir nun die Früchte kalt eingefüllt, ergänzen wir noch die Zuckerlösung. Haben wir die Früchte bereits in der Zuckerlösung vorgegart, füllen wir diese gemeinsam mit der Zuckerlösung in die Gläser. Die Gläser gut mit dem passenden Deckel bedecken, aber nicht verschließen (die Gläser könnten sonst explodieren/zerreißen). Nun folgt die Sterilisation. Dies kann im Heißwasserbad im Topf oder im Ofen gemacht werden. Stellen Sie die Gläser in einen großen Topf, dessen Boden mit einem Geschirrtuch ausgelegt ist. Gießen Sie Wasser in den Topf, achten Sie darauf, dass kein Wasser in die Gläser mit dem Einmachgut gelangt. Füllen Sie so viel Wasser in den Topf, bis die Gläser zumindest ¾ vom Wasser umgeben sind und erhitzen Sie das Wasser auf dem Herd.

Als Faustregel gilt

- Kalter Inhalt in kaltes Wasser
- Heißer Inhalt in heißes Wasser

Die Einkochzeit und -temperatur ist richtet sich nach dem verarbeiteten Obst:

- Kernobst sollte bei 90 °C circa ½ Stunde sterilisiert werden (Quitten, Äpfel, Birnen)
- Steinobst bei 85 °C circa 20 bis 30 Minuten (Zwetschgen, Kirschen, Aprikosen, Pfirsiche)
- Beeren bei 80 °C nur circa ¼ Stunde (Heidelbeeren, Brombeeren, Preiselbeeren und so weiter)

Auch Marmeladen mit wenig Zucker können mit dieser Methode sterilisiert werden, indem man die noch nicht verschlossenen Gläser bei 75 °C für 10 bis 15 Minuten sterilisiert.

Bei der Methode im Topf ist das Messen der Temperatur sehr wichtig, und die Sterilisationszeit beginnt erst ab dem Moment, an dem die vorgegebene Temperatur im Wasserbad erreicht ist. Es ist zu bedenken, dass immer nur eine sehr begrenzte Menge gleichzeitig eingekocht werden kann. Hat man nur kleine Mengen, ist das kein Thema, hat man aber größere Mengen, ist es ratsam, auf die Ofenmethode umzuschwenken oder auch parallel zu kochen.

Bei der Ofenmethode die Gläser befüllen und verschließen. Dann die Gläser auf ein Backblech oder eine Auflaufform mit hohem Rand stellen und die Form mindestens bis zu Hälfte mit Wasser befüllen, sodass sich ein Wasserbad, ähnlich dem von der Einkochtopfmethode, ergibt. Auch hier gilt: Kaltes zu Kaltem und Heißes zu Heißem.

Gläser werden abgekühlt

Alles in den kalten Backofen stellen und den Ofen auf Heißluft bei 160 bis 180 °C stellen. Bei dieser Methode beginnt die Einkochzeit, wenn in den Gläsern erste Perlen aufsteigen. Das ist, abhängig von Volumen der Gläser und dem Backofen, nach ungefähr einer ¾ Stunde der Fall. Jetzt die Temperatur deaktivieren und lediglich das Gebläse der Heißluftfunktion weiterlaufen lassen. Die Gläser entsprechend der Füllung im Ofen belassen:

- Kernobst wie im Einkochtopf ½ Stunde
- Steinobst für circa 25 Minuten
- Beeren und Kirschen circa 20 Minuten

Eine sehr komfortable Methode, die ich noch erwähnen möchte, ist das Sterilisieren im Dampfgarer. Dabei werden die Gläser wie oben beschrieben in den kalten Dampfgarer gestellt, die gewünschte Temperatur und Zeit gewählt und der Dampfgarer übernimmt den gesamten Ablauf eigenständig.

Egal welche Methode zur Anwendung kommt, nach der Einkochzeit, werden die Gläser auf eine temperaturbeständige Unterlage, vorzugsweise Holz, abgestellt und mit Geschirrtüchern abgedeckt. Das ermöglicht eine langsame und gleichmäßige Abkühlung und bringt den Vorgang des Sterilisierens zum Abschluss.

Natürlich man kann auch salzig oder sauer einkochen. Dabei macht man sich das Salz als Konservierungsmittel zunutze. Wenden wir uns nun dem Einkochen von Tomatensoße, oder auch Sugo genannt, zu. Es gibt kaum etwas Vielfältigeres, das man in seiner Vorratskammer haben kann als Sugo. Ob man sich damit eine wärmende Tomatensuppe, eine Soßengrundlage oder eine ganz einfache Soße zu den Nudeln – die Möglichkeiten sind zahlreich und alle köstlich. Gerade Tomaten erntet man im Sommer oder bekommt sie beim Bauern in großen Mengen. Bauern sind manchmal froh, wenn jemand für die Tomaten, die nicht so hübsch sind, Verwendung hat. Und gerade diese Tomaten ergeben ein gutes, nahrhaftes und schmackhaftes Sugo.

Tomatensugo

Wichtig ist, die Tomaten vorher gut zu waschen und unschöne Stellen wie Verwachsungen und auch den Strunk herauszuschneiden. Die Tomaten in grobe Stücke schneiden und mit ein bisschen Meersalz und etwas Olivenöl in einem großen Topf zum Kochen bringen. Je mehr Zeit man investiert, umso mehr kann das Wasser aus den Tomaten verkochen. So reduziert sich das Sugo auf eine sämige und sehr intensiv nach Tomate schmeckende »Marmelade«.

Natürlich kann man schon zu diesem Zeitpunkt Kräuter, Knoblauch oder anderen Gemüse hinzugeben und diese gleich miteinkochen. Alternativ gibt man diese Zutaten dazu, wenn man das Glas öffnet, so bleibt man flexibler.

Soll der Sugo etwas sämiger werden, kann man beim Einkochen der Tomaten Auberginen dazugeben. Auf ein großes Blech Tomaten reicht eine mittelgroße Aubergine.

Tipp

Da man Tomaten meist im Sommer einkocht, kann das sehr gut draußen gemacht werden, auf dem Grill, auf einem Gaskocher, mit einem Raketenofen oder über dem Feuer. Dazu verwendet man am besten einen großen, gusseisernen Topf. So gelingt das Einkochen gut und man lässt die Hitze vor der Tür.

Sind die Tomaten ausreichend eingekocht, kann man die Masse entweder so wie sie ist oder aber püriert in die sterilisierten Gläser wie bei der Marmelade abfüllen.

Fermentieren

Salz als Konservierungsstoff ist schon sehr lange in Verwendung und jeder kennt es, allerdings ist es uns oft nicht bewusst. Ob Schinken wie Prosciutto oder der Speck vom Bauern auf der Alm oder der Feta in Salzlake und viele andere Käsesorten: All diese Produkte werden durch Salz konserviert. Natürlich könnte man diese Produkte selbst machen, aber man kann es sich auch einfacher machen und solche Lebensmittel einkaufen und in der Vorratskammer oder in den Erdkeller lagern.

Wenn wir Salz nutzen, kommen wir in den Bereich des Fermentierens. Ganz typisch dafür ist das Sauerkraut, ob aus Weißkohl oder Rotkohl. Beides ergibt ein schmackhaftes Produkt und ist einfach in der Herstellung. Heutzutage ist Kimchi auch sehr bekannt, eine Spezialität aus Korea, die in der Zwischenzeit auch in Europa sehr beliebt ist. Sehr besonders hier ist die Schärfe im Ferment, welche von scharfen Paprika erzeugt wird.

Fermentieren ist im Kern ganz einfach. Das Gemüse oder Obst wird gereinigt, zerkleinert und bearbeitet. Zum Beispiel gestampft oder gequetscht, sodass die Zellwände aufgebrochen werden und Saft aus dem Gemüse austritt. An sich würde eine Fermentation auch ohne Salz ablaufen. Man macht sich das Salz zunutze, um zum einen die Fermentation etwas steuern zu können und weil der Geschmack des Ferments dadurch veredelt wird.

Um die Geschwindigkeit des Ferments mit Salz zu regulieren, braucht es einiges an praktischer Erfahrung. Viele Einflüsse von außen spielen eine Rolle: Luftfeuchtigkeit, Temperatur und Art der Lagerung.

Wenn man mit dem Fermentieren starten möchte, empfehle ich, sich einen Weißkohl zu schnappen. Man kann auch mit kleinen Mengen beginnen.

Fermentierter Weißkohl

Den Weißkohl gut waschen, die äußeren Blätter und den Strunk entfernen und den restlichen Kohl zerkleinern. Das funktioniert sehr gut mit einem feinen Hobel oder mit einer Brotschneidemaschine. Ist das Kraut in der gewünschten Stärke vorbereitet, wird es trocken eingesalzen. Das Salz gleichmäßig mit dem Kraut durchmischen und das Kraut gut kneten oder stößeln. Nach einiger Zeit tritt der Saft aus dem Kraut aus, es wird weicher. Beginnen Sie lieber mit weniger Salz, probieren Sie zwischendurch und salzen so lange nach, bis der gewünschten Salzgrad erreicht ist. Zu viel Salz ist schwierig wieder aus dem Gemüse herauszubekommen. Ist alles gut vermengt, geknetet und gut Saft ausgetreten, kann das Einschichten in Gläser oder einen Fermentiertopf beginnen.

Noch eine kurze Anmerkung zum Würzen

Salz ist unsere Fermentierhilfe, aber für den Geschmack können natürlich andere Gewürze mit dazugegeben werden, wie zum Beispiel Kümmel, Senfsamen, Koriandersamen, Anis und was man sich alles vorstellen kann. Hier sind der Fantasie und Experimentierfreudigkeit keine Grenzen gesetzt. Es ist auch möglich, verschiedene Gewürze erst beim Einfüllen in die Gläser beizugeben und so unterschiedliche Rezepturen zu probieren.

Einfüllen und Schichten: Speziell bei Fermenten ist es wichtig, dass keine Luft in dem Ferment ist, das Gemüse also dicht gepackt und mit der eigenen Flüssigkeit umschlossen wird. Dafür wird das Gemüse portionsweise in das gewünschte Gefäß gegeben und verdichtet, also tief in das Gefäß gedrückt, sodass alle Hohlräume ausgefüllt werden und der Saft das Gemüse umschließt. Das wird so lange wiederholt, bis das Gefäß bis oben gefüllt ist. Die Öffnung sollte mit der Flüssigkeit abschließen. Ist zu wenig Flüssigkeit vorhanden, kann man mit Wasser oder Salzlake aufgießen. Einfach eine Salzlake aus gefiltertem Wasser und Salz anrühren und damit Gläser oder Behälter bis zum Rand auffüllen. Neigt das Gemüse dazu aufzuschwimmen oder stechen Teile des Gemüses hervor, ist es ratsam, dieses zu beschweren. Dafür gibt es, wenn man Fermentiergläser verwendet, eigene Glassteine, die genau in die Öffnung des Glases passen und das Gemüse in der Flüssigkeit halten. Früher hat man sich geholfen mit ein paar großen Blättern Kraut (wenn man Sauerkraut gemacht hat) und hat diese als Abschluss oben in den Saft nach unten gepresst. Bei Fermentiertöpfen aus Ton sind meist zweiteilige Gewichte ebenfalls aus Ton oder Stein dabei, die zum Abschluss oben auf das Gemüse gegeben werden können.

Die Gläser werden mit dem entsprechenden Deckel nur leicht verschlossen, damit das entstehende CO_2-Gas, das beim Fermentationsprozess entsteht, entweichen kann. Wenn die Gläser fest verschlossen würden und die Gase nicht entweichen könnten, würde sich ein Druck aufbauen, der die Deckel ausbeult oder sogar das Glas zum Explodieren bringen könnte. Möchte man dennoch die Gläser verschließen, weil man sich bezüglich der Umgebung nicht wohl fühlt oder das Ferment im Kühlschrank gelagert wird, muss jeden Tag der Deckel geöffnet werden, damit die Gase entweichen können.

Bei richtigen Fermentiergefäßen können die Deckel nicht fest verschlossen, sondern nur aufgesetzt werden. Sehr oft wird sich hier mit einem Überlauf geholfen, bei dem ein Abdichten von außen nach innen durch Wasser hervorgerufen wird. Der Deckelrand steht also in der Lake, nahezu schwimmend, und das Gas kann durch das Wasser nach außen dringen.

Tipp

Das Ferment im Anfangsstadium in eine Wanne stellen. Wenn Flüssigkeit überläuft, fließt diese lediglich in die Wanne und verteilt sich nicht überall.

Die Fermentation startet von allein, und je nach der Temperatur des Lagerortes verläuft der Prozess schneller oder langsamer. Hört man sich ein wenig um, heißt es, langsam Fermentiertes sei geschmacklich besser als sehr schnell Fermentiertes. Fermentiert man also im Sommer und steht das Ferment bei Raumtemperatur im Sommer in der Wohnung, wird der Prozess sehr schnell gehen. Optimal ist es, wenn das Ferment, ob Sommer, ob Winter während des Prozesses dieselbe Temperatur hat und so ein gleichmäßig langsamer Prozess angestoßen wird.

Das Ferment kann jederzeit verzehrt werden. Gönnen Sie sich den Spaß und probieren Sie es in den verschiedenen Reifezuständen. Der Geschmack wird sich von Zeitpunkt zu Zeitpunkt verändern und jeder kann für sich wird den besten Zeitpunkt, was den Geschmack betrifft, finden.

Manchmal bilden sich auf der Oberfläche des Ferments Hefepilze oder Schimmel. Laut dem sehr umfangreichen und sehr detaillierten Buch von Sandor Ellix Katz mit dem Titel *»Die Kunst des Fermentierens«* (Katz, 2017), welches das Fermentieren ganz wunderbar in all seinen Facetten beschreibt, ist diese Besiedelung kein Problem. Sie kann und soll einfach immer wieder abgeschöpft werden. Findet man also weiße pelzige Stellen oder eine Art Film auf der Flüssigkeit, nehmen wir diesen einfach ab und versuchen so gut als möglich alles davon zu entfernen. Am besten täglich beobachten und abschöpfen, damit sich speziell beim Schimmel kein farbiger Schimmel bilden kann.

Auch wenn wir hier nur über das Weißkraut als Beispiel gesprochen habe: Seien Sie experimentierfreudig und erkunden Sie die facettenreichen Geschmäcker. Fermente sind lange halt- und lagerfähig und bringen einen großen Nutzen für die Darmgesundheit.

Pickeln

Bevor wir das Brot im Glas und die Suppenwürze betrachten, wollen wir uns nun dem Sauereinlegen, mit der Verwendung von Essig als Konservierungsmittel, zuwenden.

Der Unterscheid zwischen Ferment und Pickels besteht darin, dass Ferment lebende Bakterien, wie zum Beispiel Milchsäurebakterien beinhaltet und Pickles im Gegensatz dazu mithilfe von Säure, in den meisten Fällen mit Essig, zubereitet werden.

Der Begriff »Mixed Pickles« ist fast jedem ein Begriff und die meisten essen diese gern. Auch beim Pickeln hat man eine große Auswahl an Gemüse, das man so haltbar machen kann. Ob sauer eingelegte Gurken, Senfgurken, Paprika, Krautsalat, grüne Tomaten, Karotten, Rote Bete, Buschbohnen oder sogar Kartoffelsalat, wenn man den säuerlichen Geschmack von Essig mag, sind der eigenen Kreativität kaum Grenzen gesetzt. Und es muss nicht der Essig allein sein, der dem Gemüse den ganz eigenen Geschmack verleiht. Gerade beim Pickeln kann man sehr exotische, klassische, intensive oder ganz einfache Rezepte für die Einmachflüssigkeit wählen. Stellt man bei der Jause ein paar saure Gurken oder eingelegte Paprika oder Pfefferoni mit auf den Tisch, bekommt alles gleich einen anderen Pfiff und umso größer ist die Freude, wenn die Spezialitäten aus dem eigenen Garten kommen.

Also wie kommt man nun von den Gurken am Strauch zu den sauren Gurken? Folgt man hier der Anleitung von John Seymour *»Selbstversorger aus dem Garten«* (Seymour, 2018) so bereitet man zuerst den Gewürzessig zu. Dazu die gewünschten Gewürze, wie Nelken, Zimt, Pfefferkörner, Senfkörner, Knoblauch und weiteres nach Wunsch in ein Mullsäckchen oder Teesieb geben und mit 1 Liter Essig für einige Minuten kochen. Diese Gewürzbrühe kann dann für das Pickeln verwendet werden. Es geht aber auch noch einfacher:

Pickeln

Man füllt das Gemüse in Gläser, gibt zu jedem Glas die gleiche Menge an gewünschten Gewürzen dazu und füllt es mit dem Essig nach Wahl auf. Allerdings mag es nicht jeder, wenn die Gewürze in der Brühe schwimmen.

Bei der Wahl des Essigs ist gut was gefällt. Man sollte nicht sparen beim Essig und einen Essig verwenden, der auch wirklich schmeckt. Denn das Gemüse nimmt hauptsächlich den Geschmack des Essigs an. Natürlich kann man in der Not verwenden, was verfügbar ist, aber wenn Sie wählen können, wählen Sie einen schmackhaften Essig, vielleicht sogar einen aus eigener Küche.

Wir haben den Essig, die Gewürze und das Gemüse bereitgestellt, die Gläser sind sterilisiert. Denn auch beim Konservieren mit Essig steht die Sauberkeit an erster Stelle bei der Verarbeitung. Nun bereiten wir das Gemüse vor, wie wir es möchten. Es kann im Ganzen oder in Streifen, oder gehobelt verwendet werden. Wir füllen es in die Gläser und ergänzen die Gewürze und den Essig oder das Essigwasser, je nach Geschmack.

Wichtig

Nichts darf aus dem Sud herausragen. Werden Gewürze oder Gemüse verwendet, die oben schwimmen, brauchen wir etwas, das diese in der Flüssigkeit hält. Bei den Gewürzen ist die einfachste Variante, sie zuerst in die Gläser zu füllen. Bei dem Gemüse kann man an oberster Stelle ein Stück hineingeben, das wie ein Pfropfen funktioniert und so viel Flüssigkeit einfüllen, bis dieser auch komplett bedeckt ist.

Nun noch die Gläser und Ränder auf Sauberkeit prüfen und luftdicht verschließen. Gemüse ist das naheliegendste, um es sauer einzulegen, aber das heißt nicht, dass man nicht auch Obst sauer einlegen kann.

Eingelegte Zwiebeln

Wir haben nun die gängigsten Möglichkeiten der Konservierung in der heimischen Küche betrachtet, aber die Möglichkeiten sind nahezu unendlich, die Variantenvielfalt ist so groß, dass für jeden etwas dabei ist. Jede Kultur hat ihre eigenen Spezialitäten, und jede Familie ihre eigenen Rezepte. Blickt man ein bisschen über den Tellerrand hinaus und hat erst einmal ein bisschen Gefallen gefunden, kann man sich verlieren in diesen Themen. Zwei Nahrungsmittel, die, gerade wenn es um die Vorbereitung auf schlechte Zeiten geht, aber auch darum, einfach unabhängig von den Fertigprodukten aus dem Supermarkt zu sein, möchte ich noch vorstellen: Das Suppengewürz und das Brot im Glas.

Suppengewürz

Wer Suppen schon frisch gemacht hat, weiß, dass es kein Hexenwerk ist, aber mit einigem Aufwand einhergeht. Nicht immer hat man Zeit und Lust, erst mal mit dem Suppenansetzen beschäftigt zu sein, bevor man ein Gericht zubereiten möchte.

Da kann man sich leicht Abhilfe schaffen, in dem man sich seine eigenen Suppenbasis als Paste oder Pulver vorbereitet.

Bei der ersten Variante, bei der wir eine Paste herstellen, nutzen wir wieder das Salz zur Konservierung.

Grob gesagt kommen auf 2,5 Kilogramm Gemüse 0,5 Kilogramm Salz. Bei dem Gemüse greifen wir auf typische Suppengemüse zurück: Zwiebel, Lauch, Sellerie – sowohl die Knolle als auch das Grün – Petersilienwurzel, Petersiliengrün, Karotten und eine Knoblauchknolle. Dazu noch eine gute Portion von frischem Liebstöckel – wir haben alle Zutaten zusammen.

Die hier genannten Gemüse sind eine Empfehlung und können natürlich ganz individuell, je nach Geschmack, gewählt werden.

Einen sehr guten Geschmack geben auch Pilze wie Champignons. Als weitere Kräuter können beigefügt werden Thymian, Majoran, Oregano, Kurkuma, Ingwer und viele weitere.

Brühenpaste

Hat man die 2,5 Kilogramm Gemüse und Kräuter gut gereinigt und abgetrocknet, werden diese entweder klein geschnitten oder gerieben. Alternativ kann auch einfach alles in einen leistungsstarken Mixer, gemeinsam mit dem Salz, gegeben werden. Alles gut pürieren oder vermengen, sodass eine gleichmäßige Masse entsteht. Diese dann durchziehen lassen und vor dem Abfüllen noch mal gut vermengen. Wir füllen die Gläser nicht bis zum Rand, sondern lassen etwa 1 Zentimeter Luft. Darauf achten, dass die Ränder sauber sind! Dann die Gläser verschließen. Die Gläser sollten kühl und dunkel gelagert werden. Jederzeit, wenn man sich schnell eine Suppe zubereiten möchte, etwas von der Brühenpaste mit heißem Wasser aufkochen.

Brühenpaste

Eine andere Möglichkeit, bei der weniger Salz verwendet wird, ist ein trockenes Brühenpulver. Hierfür werden die gleichen Grundzutaten benötigt. Gemüse und Kräuter können nach Belieben zusammengesetzt werden. Man kann zum Bespiel Zwiebel, Sellerie, Petersilienwurzel und Karotten im Verhältnis 1 zu 1 (also jeweils 250 Gramm) verwenden und dann noch etwas Lauch und Petersiliengrün dazunehmen. Natürlich können weitere Kräuter dazugegeben werden, gerade der Liebstöckel verleiht Suppe diese ganz besondere Note, aber auch Lorbeerblätter, Pfeffer, Wachholderbeeren, Muskat oder was Ihnen besonders zusagt, bringen frischen Wind und Abwechslung in die Suppenbasis. Auf 1 Kilogramm Suppengemüse und Kräuter brauchen wir diesmal nur etwa 70 Gramm Salz.

Brühenpulver gepresst

Brühenpulver

Das Gemüse wie bei der Paste waschen, trocknen und zerkleinern. Hier ist es auch am einfachsten, alles mit dem Salz in einen leistungsstarken Mixer zu geben und zu zerkleinern. Anschließend wird die Masse getrocknet. Dafür verwendet man ein Dörrgerät, in dem man die Masse dünn auf die Einschubböden, am besten auf einem Backpapier, aufstreicht und solange trocknet, bis wirklich jegliche Feuchtigkeit entzogen ist.

Alternativ man die Masse dünn auf ein mit Backpapier ausgelegtes Blech streichen und bei Umluft bei niedriger Temperatur von etwa 80 °C über mehrere Stunden trocknen. Da beim Trocknen die Feuchtigkeit entweichen soll, die Ofentür leicht offenhalten.

Ist die Paste vollständig getrocknet, lassen wir sie auskühlen und zerstampfen sie oder geben sie in den Mixer zum Pulverisieren, bevor wir unsere selbst erzeugte gekörnte Brühe in Gläser füllen.

Mit einem Teelöffel Pulver können wir uns nun eine Tasse Suppe aufbrühen.

Exkurs Trocknen

Trocknen ist eine wunderbare Möglichkeit, Dinge haltbar zu machen. Gerade Zwiebel, Knoblauch, Sellerie, Pilze und Kräuter können sehr einfach und rasch getrocknet werden, egal ob im Dörrautomaten, an der Sonne oder im Backofen. Bei Bedarf können sie im Anschluss zu Pulver verarbeitet werden. Das Volumen wird hier stark reduziert, aber der Geschmack intensiviert. Eine herrliche Zutat, um einfache Gerichte aufzupeppen.

Dörrautomat im Einsatz

Brot im Glas

Frankreich, Italien, Deutschland, Österreich und die Schweiz sind absolute Brotländer. Es gibt unzählige Bäckereien mit vielerlei Leckereien. Das Brötchen vom Frühstückstisch, der Kuchen und das süße Gebäckteilchen zum Kaffee oder das Brot zum Abendessen sind kaum wegzudenken.

Wie aber kann man Brot haltbar machen? Brot ist eigentlich ein Lebensmittel, das immer frisch auf den Tisch kommt. Es lässt sich gut eine Woche in einem Baumwoll- oder Leinenbeutel aufbewahren, aber es für längere Zeiträume genießbar zu halten, ist schwierig. Blickt man in die Geschichte, sieht man, dass das Brot früher länger haltbar war, als wir es heute gewohnt sind. Gerade Sorten aus Roggen mit Sauerteigführung und schwere Brote hielten vergleichsweise lang. Ebenso die Brote, die schnell trocken sind. Sie wurden früher in den Bauernhäusern unterm Dach trocken gelagert. Es wurde einmal in der Woche oder eher einmal im Monat gebacken, für das ganze Dorf, und jeder war wieder für einige Zeit versorgt. Brote wie Schüttelbrot, Knäckebrot oder Zwieback waren Sattmacher und sehr gut zu lagern, weil es sich um getrocknete Brote handelte. Auch Pumpernickel ist ein Brot, das sehr gut lagerfähig ist, so wie das im Folgenden vorgestellte Brot im Glas. In dem Buch von Lutz Geißler *»Konservenbrote backen«* (Geißler, 2022) widmet er dem Brot im Glas einen ganzen Abschnitt. Dort wird erläutert, dass grundsätzlich jedes Brot wie Obst oder Gemüse eingemacht werden kann. Es zeigt, wie wir Brot pasteurisieren können.

Dazu wird das Brot in einem eingefetteten Einmachglas gebacken und nach dem Backvorgang direkt in den heißen Gläsern mit dem entsprechenden Deckel verschlossen. Verwendet man Gläser mit Glasdeckel, kann man diese, lose aufgelegt, mitbacken. So werden diese gleich mitsterilisiert. Hier muss dann nur noch der Dichtring nach dem Backen miteingesetzt werden, um dann die Gläser luftdicht zu verschließen. Es ist zu empfehlen, Gläser zu verwenden, die zur

Öffnung hin größer werden oder zumindest zylindrisch sind.

Ist die Öffnung verjüngt, bekommt man das fertige Brot nicht in einem Stück aus dem Glas. Verwendet man Schraubdeckel, sollten diese nach der Backzeit auf die heißen Gläser bei etwa 100 °C geschraubt werden. Am besten die Gläser dann langsam im abgeschalteten Ofen abkühlen lassen. Im Anschluss können die Brote an einem kühlen, dunklen Ort über mehrere Monate bis zu Jahre gelagert werden.

Der Erdkeller

Wir haben viel Vorarbeit geleistet, dann sollen der schöne Kohl, die Zwiebeln und Karotten auch so gut wie möglich gelagert werden, so sie nicht schon eingemacht, gedörrt oder fermentiert wurden.

Um unser geerntetes Gemüse sicher lange zu lagern, eignet sich ein Erdkeller. Mit ihm können wir in den nicht ertragreichen Monaten des Winters von der Fülle des Sommers zehren. Wir wollen uns nun der Frage widmen: Wie lagere ich am besten meine Ernte für die kommenden Wochen und Monate?

Zu Omas Zeiten war es ganz normal, dass sogenannte Grundnahrungsmittel immer greifbar waren. Ma musste man nicht erst in den Supermarkt laufen, um etwas zu essen zu haben.

Neben den zahlreichen Möglichkeiten des Konservierens, Einkochens, Fermentierens, Dörrens kann manches Obst und Gemüse gut, so wie es ist, gelagert werden. Äpfel, Karotten, Zwiebel, Knoblauch, Wurzelgemüse, Kartoffeln,

Wintergemüse sind die typischen Sorten, die gut und gerne über den Winter im Beet, Keller, in einer Erdmiete oder im Erdkeller gelagert werden können. Wenn Sie in der glücklichen Lage sind und ein Stückchen Land für den Anbau haben, dann sollte es auch möglich sein, sich dort eine Erdmiete oder einen Erdkeller anzulegen. Wenn man ein paar Grundregeln befolgt, macht diese Form der Lagerung es uns möglich, sich den ganzen Winter an seiner eigenen Ernte zu bedienen.

Bei den Äpfeln weisen besonders die Sorten Boskop, Jonagold, Elstar, Braeburn eine außergewöhnlich gute Lagerfähigkeit auf. Generell sollte man beim Einlagern darauf achten, egal ob Obst oder Gemüse, bereits beim Anbau die Sorten zu wählen, welche gute Lagereigenschaften mitbringen.

Ebenfalls gut zum Einlagern eignen sich Birnen, Cranberrys, Mandarinen, Orangen, Grapefruits. Das sind vielleicht nicht die Produkte, die man im Garten erntet, aber man kann diese während der Erntezeit in Großmengen einkaufen und einlagern. Auch Pflaumen, Quitten, Trauben und Melonen können gut gelagert werden.

Beim Gemüse sind unterschiedliche Arten von Kohlgemüse (China-, Grün-, Weiß-, Rotkohl) gut lagerfähig. Karotten

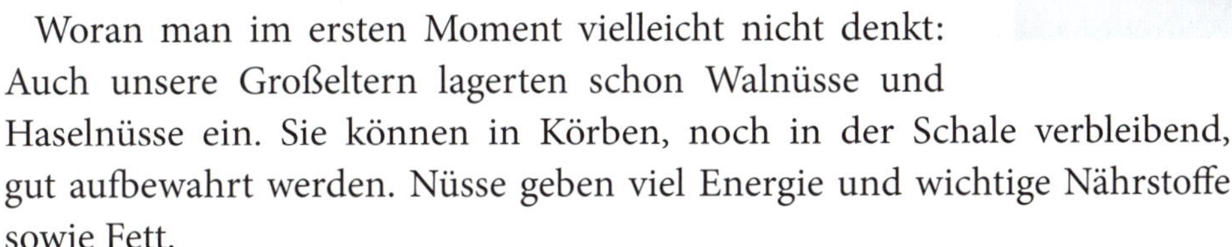

werden gerne in Sand gelagert und selbstverständlich die Kartoffeln in vielen verschiedenen Sorten, die viele gut Nährstoffe mitbringen. Würde man allein nur Kartoffeln einlagern, hätte man schon vieles, was die Ernährung in Notzeiten braucht.

Zwiebel und Knoblauch, schön geflochten als Zöpfe, sind nicht nur großartig zu lagern, sondern als Zöpfe auch noch schön anzuschauen. Sie sind gut selbst im Garten anzubauen, um dann bevorratet zu werden.

Wurzelgemüse wie Knollensellerie, Meerrettich, Rüben in verschiedenen Sorten, Pastinaken, Petersilienwurzel, Rettich und Rote Beete gehören zu den gut lagerfähigen Gemüsen. Nicht zu vergessen der Lauch, aber auch die vielen Sorten Kürbisse. Sie wachsen gut im Garten und sind voll von guten Nährstoffen. Im Winter können sie zu einer köstlichen Suppe oder einem Ofengemüse verarbeitet werden.

Woran man im ersten Moment vielleicht nicht denkt: Auch unsere Großeltern lagerten schon Walnüsse und Haselnüsse ein. Sie können in Körben, noch in der Schale verbleibend, gut aufbewahrt werden. Nüsse geben viel Energie und wichtige Nährstoffe sowie Fett.

Bei all diesen wunderbaren Obst- und Gemüsesorten, die man selbst im Garten ziehen kann, hat man schon beim Einlagern Vorfreude auf die großartigen Gerichte, die daraus im Winter gezaubert werden können.

Hinweis

Gehen Sie nicht zu hart mit sich ins Gericht, wenn einmal etwas verdirbt. Das wird immer passieren. Darum ist es wichtig, regelmäßig die Lebensmittel auf Fäulnis oder Verderben zu prüfen.

Nun zum Lagerraum selbst

Wenn Sie noch neu im Thema sind, wenig Platz haben, es einfach mal im kleinen Ausprobieren möchten oder möglicherweise nur eine überschauba-

re Menge einlagern möchten, können Sie ganz kostengünstig und einfach mit folgenden Methoden beginnen: Das Beet, in dem man gepflanzt hat, besonders bei Karotten ist das gut möglich, kann »eingemottet« werden. Das bedeutet, dass das Beet durch eine Dämmschicht vor Frost geschützt wird. Die Karotten, die Kälte gut aushalten, können so den Winter über direkt aus dem Beet geholt werden. Wichtig ist hier, dass die Schutzschicht nach dem Öffnen wieder gut geschlossen wird.

Dafür werden die Rüben mit gut 20 Zentimeter Mulch bedeckt, um so eine gute Dämmung gegen die Kälte zu erreichen. Um andere hungrige Mäuler wie Mäuse und andere Nager fernzuhalten, kann man zwischen dem Lagergut im Beet und der Dämmschicht ein Drahtgitter einbringen, das die Nager daran hindert, an die Beute zu kommen.

Eine weitere einfache Möglichkeit ist eine Erdmiete, die als Hügel oder als Graben angelegt werden kann. Beim Hügel, wie man dem Wort schon entnehmen kann, lagert man das Gut eher in die Höhe, beim Graben in die Tiefe.

Bei beiden Varianten sind der Untergrund und der Boden von hoher Bedeutung. Wichtig ist, dass das Lagergut trocken aufbewahrt werden kann. Mit einem Boden aus sandiger Lehmerde ist man gut beraten. Es ist darauf zu achten, dass der gewählte Platz generell trocken gelegen ist, also nicht an einer Stelle, wo sich das Wasser sammelt.

Beim Hügel wird an dem gewählten Platz die Erde frei von Blättern und Gartenabfällen gemacht und eine Grube mit einer Tiefe von 20 bis 30 Zentimetern ausgehoben. Die ausgehobene Erde wird für später zur Seite gelegt. Die Sohle wird mit einer dicken Strohschicht von circa 8 Zentimetern (es können auch Blätter oder Heu verwendet werden) ausgelegt. Nun wird auf diese Schicht das Lagergut wie ein Kegel aufgeschichtet. Gut ist es, es gleich mit einer Belüftung zu versehen. Das kann ein Rohr sein oder ein Art Kamin aus Heu (siehe Abbildung). So bekommt das Gemüse Frischluft und es verschimmelt nicht während der Lagerung. Dann wird der Hügel mit mehreren Zentimetern Stroh bedeckt, bevor er mit der ausgehobenen Erde abgedeckt wird.

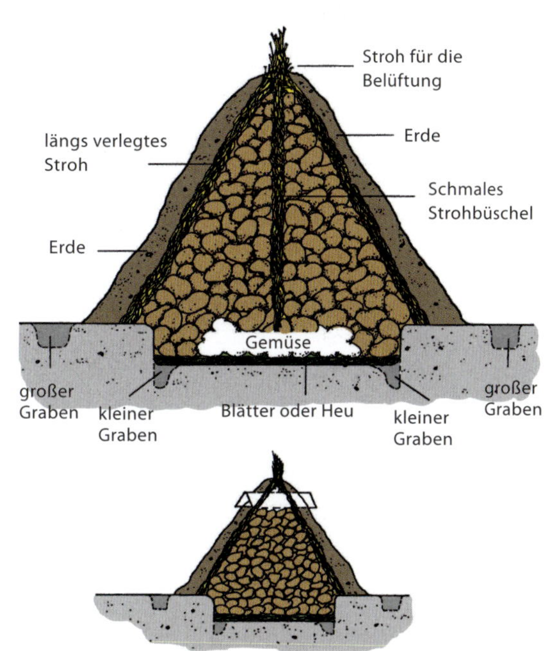

Erdmiete

Von diesen Erdmieten empfiehlt es sich, mehrere kleinere anzulegen und das Gemüse, wie es verwendet werden könnte, zu mischen. Erst einmal geöffnet, muss die Erdmiete vollständig geräumt werden, da sie bei kalten Temperaturen kaum wieder richtig geschlossen werden kann.

Der Schutz gegen Nagetiere kann mit Drahtgeflechten, die den Hügel von unten und den Kegel von außen schützen, gewährleistet werden. Wenn es im Winter stark friert, braucht man eventuell Werkzeug und Kraft, um die Hülle aufzubrechen, um an seinen Vorrat zu kommen. Ein Vorteil ist, dass diese Variante für jeden machbar und leistbar ist.

Statt des Hügels kann man eine tiefere Grube von etwa 60 Zentimetern ausheben, die ebenfalls mit einer dicken Dämmschicht aus Heu oder Blättern ausgelegt wird. Die Seiten mit Holzbrettern auskleiden oder eine Holzbox in die ausgegrabene Mulde stellen. Wichtig ist auch hier, eine trockene

Umgebung zu wählen, mit dem entsprechenden oben erwähnten Erdmaterial. Auf der gedämmten Sole kann das gewünschte Gemüse wie Kartoffeln oder Kohlsorten eingebracht werden. Mit einer Holzplatte wird der Graben abgedeckt. Bedient man sich einer Holzkiste, kann man diese mit einem Deckel versehen, der als Tür oder Klappe dient. Die Platte, die die Abdeckung der Grube bildet, muss gut gedämmt werden, um den Frost von dem Gemüse fernzuhalten. Anstatt einer Kiste können auch Holzfässer für diese Lagerart verwendet werden.

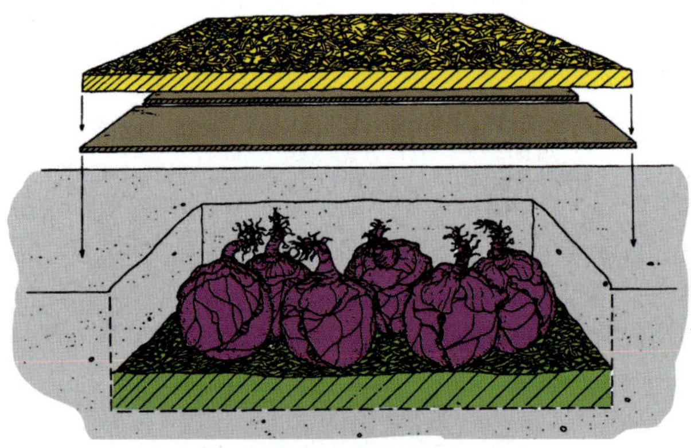

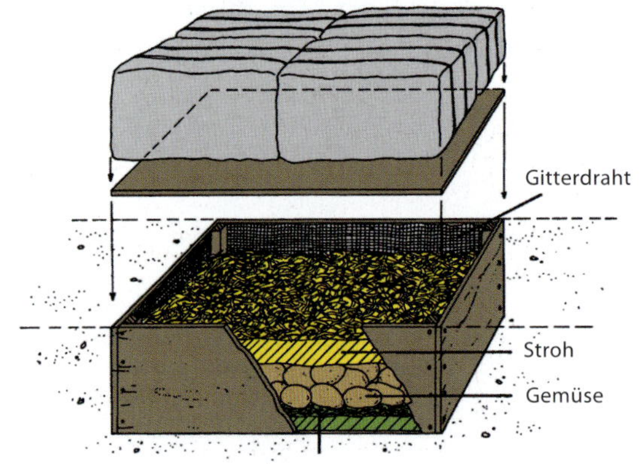

Querschnittszeichnung Erdmiete

Alternativ kann man eine nicht mehr funktionstüchtige Gefriertruhe oder einen Kühlschrank vergraben. Das stellt für Nager eine unüberwindbare Barriere dar, allerdings ist das Eingraben mit viel Aufwand und Krafteinsatz verbunden. Auch bei dieser Variante ist es wichtig, den Kühlschrank zugänglich zu halten und gerade von oben und an den Seiten gut zu dämmen, beispielsweise mittels einer dicken Heuschicht.

Hat man schon Erfahrung, mehr Platz oder auch einfach die Möglichkeit und den Wunsch, etwas größer zu denken, ist ein richtiger Erdkeller eine wunderbare Sache. Ob man diesen bei einem Neubauobjekt mit einplant, den Erdkeller für sich allein neu plant, mit gegebenen Voraussetzungen arbeiten muss oder eventuell schon Vorhandenes nutzen kann, beeinflusst die Entscheidungen, wie man den Erdkeller gestalten kann.

Historischer Erdkeller im Hügel gebaut

Am bekanntesten ist vermutlich der Erdkeller mit Lehmboden, den die Großeltern hatten. Dieser Keller war oft die »günstige« Variante, das Haus zu unterkellern. Dort konnten wunderbar Lebensmittel gelagert werden. Die Vorteile sind, dass er leicht zugänglich ist, man kurze Wege hat und alles gut im Auge behalten kann.

Die wenigsten wohnen allerdings in einem Objekt, wo der Erdkeller schon vorhanden ist, daher ist es sinnvoll, entweder bei einem Neubauprojekt einen Erdkeller von Beginn an mit einzuplanen oder extern, außerhalb des Hauses, einen für sich stehenden Erdkeller zu errichten.

Neben der guten Zugänglichkeit ist ein großer Vorteil des Erdkellers der Platz. Hier können größere Mengen an Gut gelagert werden, die Lebensmittel können mühelos eingebracht und auf Verderben geprüft werden. Sie haben über das Jahr, unabhängig von der Außentemperatur, eine konstante Innentemperatur und Luftfeuchtigkeit, was maßgeblich für die Haltbarkeit des Lagergutes ist.

Entscheidet man sich, einen Naturkeller anzulegen, ist es ratsam, vorab zu überlegen, wie viel Raum Sie als Lagerfläche zur Verfügung haben möchten, was Sie lagern möchten und wie das Regalsystem aussehen soll. Wo wird der Naturkeller positioniert und welcher Zugang wird benötigt? Ist der Keller in einen Hügel gebaut und somit ein ebener Zugang möglich, oder ist eine Treppe notwendig? Soll der Naturkeller mehrere Räume haben mit unterschiedlichen Temperatur-/Feuchtigkeitsverhältnissen, und mit welchem

Material soll die Grundmauer gebaut werden? Soll es Stein oder Beton sein, wie wird die möglicherweise notwendige Entwässerung und vor allem die Belüftung/Entlüftung sichergestellt?

Wird in kleinen Gebinden wie Holzkisten, die gestapelt werden und eine Durchlüftung und ein gutes Klima im Keller zulassen, gelagert? Zu große Mengen, dicht gedrängt, machen es schwer, die Produkte zu kontrollieren. Sie bekommen Druckstellen, weil das Gewicht auf dem unten liegenden Gut zu groß ist, was zum Verderben führen kann. Das macht die Lagerung schwer handelbar und unübersichtlich. Um eine gleichbleibende Temperatur sicherzustellen, sollte darauf geachtet werden, dass der Erdkeller ausreichend von Erdmaterial umgeben ist und dadurch im Sommer gut vor der Hitze und im Winter gut vor Frost geschützt ist.

All diese Eigenschaften und Fragen sind maßgeblich für die Planung und Ausführung des Projekts. Hier nun eine Bauanleitung zu integrieren, würde den Rahmen des Buches sprengen. Detaillierte Beschreibungen finden Sie in dem Buch »*Der eigene Naturkeller*« von Mike und Nancy Bubel, das ich nur empfehlen kann.

Abschließend zu diesem Thema kann ich nur den Hut ziehen vor unseren vorangegangenen Generationen, denn diese Art der Lagerhaltung braucht weder Energie noch ist man auf externe Lieferanten angewiesen und sie ist selbstregulierend. Leider ist sie in Vergessenheit geraten. Sich einen Erdkeller anzulegen, auch wenn der Aufwand im ersten Moment mühsam und vielleicht unrentabel erscheint, steht nicht im Verhältnis zu der Unabhängigkeit, die man dafür als Geschenk bekommt und die gerade in Notzeiten unbezahlbar ist.

KAPITEL 5

Unsere Hühner

von Andreas Popp

5

UNSERE HÜHNER – VON ANDREAS POPP

Ich komme vom Land, genau genommen aus der wunderschönen Lüneburger Heide in Norddeutschland. Das Muhen von Kühen und das Krähen von stolzen Hähnen waren wesentliche Audio-Elemente in meiner Jugend.

Gerade letztgenannte Geräuschkulisse, also das Krähen am frühen Morgen, vermittelte mir schon damals ein behagliches Gefühl von Geborgenheit beziehungsweise heiler Welt. Zu pathetisch? Mag sein, aber heute kommen mir meine Kindheitserinnerungen immer wieder in den Sinn, denn hier in Kanada habe ich nun selbst Hühner.

Niemals hätte ich mir damals als »dynamischer« Unternehmer im Anzug, weißem Hemd und Kompetenzverstärker am Hals nur ansatzweise vorstellen können, dass meine Aufgabe im reiferen Alter auch darin bestehen könnte, dass ich regelmäßig das Kackbrett in einem Hühnerstall von seiner natürlichen Last mit einem Spachtel befreien würde. Aber der Reihe nach.

Als wunderbares Ausgleichselement zu unserer Arbeit am Computer hatte sich relativ schnell die Gartenarbeit hier in Nordamerika herauskristallisiert.

Die Grundstücke hier sind meist 10 000 Quadratmeter und mehr pro Wohnhaus groß, und da bietet allein der Platz eine Menge Möglichkeiten für Hochbeete, Gewächshäuser oder einen angelegten Naturteich. Vor allem der Erhalt der natürlichen Umgebung steht bei uns im Fokus. Natürlich haben auch wir einen kleinen Teil um unser Haus herum mit einer Wiese angelegt, die man 3 bis 5-mal im Jahr mähen muss. Gestochene Rasenkanten oder ein gepflegter englischer Rasen sind uns allerdings fremd. Das meiste ist Wildnis.

Unsere Bestrebungen der autarken Versorgung ergaben sich nach und nach von ganz allein. Dabei trat irgendwann die Frage auf: Wollen wir auch Hühner haben? Ich wollte sofort. Der Gedanke an das Krähen des Hahnes und das dankbare Einsammeln von Eiern reizte mich. Diese Begeisterung

erkannte Eva natürlich und stellte geistesgegenwärtig fest, dass dies nun mein Projekt sei und ich mich um die Hühnerhaltung kümmern sollte. Darauf ließ ich mich gern ein und eine Vorfreude stieg in mir auf.

Nun hatte ich aber keine Ahnung von der Hühnerhaltung, also setzte ich mich mit einem guten Bekannten zusammen, der hier in Kanada rund 50 Hühner sein Eigen nennt. Ich mag an ihm besonders die Wertschätzung dieser wunderbaren Tiere, die uns so reich mit Eiern beschenken. Er war für mich der beste Ansprechpartner für unseren Plan.

Fleischhühner wollten wir nicht, denn dann kommt sofort das Thema des Tötens der Tiere auf den Plan. Das kann ich einfach nicht.

Eines der ersten Themen waren die Vorbereitungen für einen sicheren Stall mit einem Gehege. Ich habe da vermutlich übertrieben, denn als ich allein für das Gehege ein 80 Zentimeter tiefes Betonrahmenfundament anlegen ließ, um ein »Untendurchbuddeln« von gefährlichen Tieren zu verhindern, wurde mir von erfahrenen Hühnerkennern klargemacht, dass etwas weniger auch reichen würde. »Hühner sollen sicher sein, aber man muss sie nicht gleich ›inhaftieren‹«, schmunzelte man hinter vorgehaltener Hand.

Aber egal, dachte ich, Safety first. Es ist nicht unwichtig zu berücksichtigen, dass sich Füchse oder Waschbären ruckzuck unter dem Zaun eines Geheges durchbuddeln könnten.

Ebenso sehe ich eine Netz- oder Drahtabdeckung auf dem Gehege als wichtig an, um die Hühner vor Raubvögeln zu schützen. Gerade hier in Kanada können die kanadischen Eulen oder Adler eine Lebensgefahr für die gefiederten Freunde darstellen.

Der Stall und das Gehege

Man findet in vielen Broschüren oder im Internet eine Menge Bauanleitungen für den begabten »Heimwerker«. Versierte Webseiten mit aussagefähigen Videos sind massig im Internet vorhanden. Wie gesagt, halte ich eine gewisse Einlasstiefe der Gehege im Boden für wichtig. Mit einem Spaten oder einem kleinen Bagger, den man sich leihen kann, ist das schnell gemacht.

Wenn man dann das Gehege in die Waage gebracht hat, es also nicht mehr schief steht, kann man den »Graben« mit Steinen oder Beton dann wieder anfüllen.

Andreas Hühnerstall mit Freilauf

Der Stall selbst ist wichtig, denn die Tiere sollen auch im kalten Winter eine Bleibe haben, in der sie sich wohl fühlen können. Hier in Kanada kann es im Winter kalt werden, aber das gilt auch für viele Teile Europas. Minus 20 °C oder noch niedrigere Temperaturen können für Hühner eine schwere Belastung sein. Es ist richtig, dass die Hühner bis zu 15 °C minus verhältnismäßig stressfrei überleben können, aber »behagliche 4 °C Minus« sind eben doch weitaus angenehmer. Dafür findet man im Handel brauchbare Hühnerstall-Heizungen, die für wenig Geld zu erwerben und mit überschaubaren Stromkosten zu nutzen sind. Diese Heizungen lassen sich mit einem Thermostat überwachungsfrei betreiben. Ich versuche grundsätzlich, die Temperatur im Stall knapp oberhalb der Frostgrenze zu halten.

Eine zu starke Erwärmung im Stall ist kontraproduktiv, wenn sehr hohe Minusgrade draußen sind und die Tiere zwischen dem Stall und dem Gehege hin- und herwechseln.

Der Stall sollte winddicht sein und auf keinen Fall sollte es dort ziehen. Aber der Raum braucht trotzdem klar angeordnete Lüftungseinlässe. Die Tiere sollen auch frische Luft atmen können, wenn die Eingangsklappe nachts geschlossen ist.

Der Hühnerstall ist winddicht mit Lüftungseinlässen

Die Größe des Stalls hängt von der Anzahl der Hühner ab. Nachts rücken die Tiere auf der Stange gern dicht zusammen, weshalb ein zu großer Stall ebenso wenig förderlich ist wie eine zu kleine Behausung, es sei denn, er verfügt über eine starke Heizung.

Ganz wichtig ist das Kackbrett (so nennt man es wirklich unter Hühnerfreunden), welches unterhalb der Sitzstange(n) angebracht wird. In der Nacht koten die Hühner fröhlich vor sich hin. Wenn die »Exkremente« dann alle auf den Stallboden fallen würden, wäre man ständig dabei, den gesamten Stall auszumisten.

Ein Kackbrett sammelt den Kot, den man mit einem handelsüblichen Maurerspachtel in einem Eimer erntet. Dadurch erhalten wir einen wirksamen Dünger, den man mit guter Erde anmischen und für die Pflanzen nutzen kann.

Holzschnitzel als Einstreu

Im Netz lassen sich viele Lösungen für Stallungen und Gehege recht einfach finden. Ich selbst habe mich für einen fertigen Stallbausatz entschieden, den die Amish-People hier in Kanada von Hand vorgefertigt anbieten. Es gibt auch schon ganz kleine Ställe mit Gehege für wenig Geld zu erwerben, in denen man glückliche Hühner halten kann.

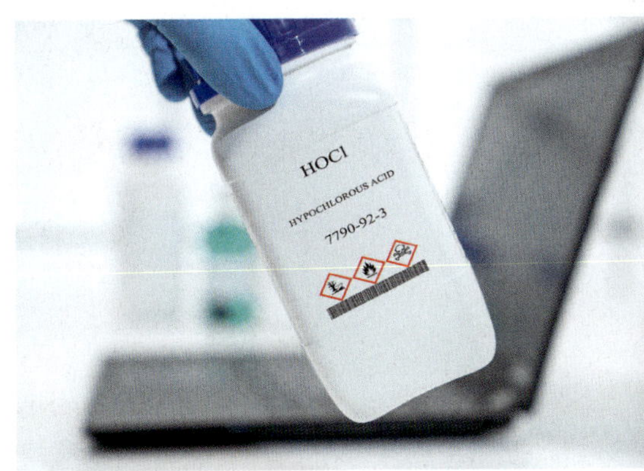

Hypochlorige Säure (HOCL)

Als Einstreu für den Stall bieten sich fast alle Arten von Heu oder Holzschnitzel an. Wichtig ist ein sauberes Einstreu. Man kann es im Landhandel überall kaufen. Das Kackbrett sollte regelmäßig vom Kot gereinigt werden und dann desinfiziert werden, damit sich keine Milben entwickeln können. Die können ein Problem sein, das schnell den Stall und damit die Hühner befallen kann. Wir nehmen gern das HOCL, welches sich gleich nach dem Einsprühen wieder verflüchtigt. Hypochlorige Säure (HOCL) ist das älteste Desinfektionsmittel der Natur. Es ist die perfekte Waffe im

Kampf gegen Keime und kommt natürlich in unserem Körper vor. In Japan und den USA wird es in Krankenhäusern als Desinfektionsmittel verwenden.

Man sollte nicht vergessen, für das Futter Schalen oder spezielle Futterspender zu besorgen, damit das Fressen sauber bleibt. Auch ein Wasserspender ist ein Muss. Das Wasser sollte täglich gewechselt werden. Für den Winter bietet sich vor allem für das Gehege eine spezielle Heizplatte an, um das Wasser vor dem Einfrieren zu bewahren. Durstige Hühner fühle sich unwohl und legen dann keine Eier mehr. Das Wasser allein im Stall reicht nicht. Hühner sind eigen. Wenn draußen das Wasser gefroren ist, gehen sie nicht in den Stall, wo das Wasser noch warm genug ist, sondern sie laufen draußen durstig herum.

Wo besorgt man sich die Hühner?

Bei dieser Frage gibt es völlig unterschiedliche Philosophien. Man kann weltweit im Landhandel Legehennen bestellen, die aber meist aus einer kon-

ventionellen Haltung kommen, also nicht so artgerecht »produziert« werden, wie es meinen Vorstellungen entsprechen würde.

Als kleiner Hobbyfarmer habe ich den großen Vorteil, mich meinen gefiederten Freunden ganz anders widmen zu können, als es in der Industrie möglich wäre.

Unsere Hühner haben wir von dem besagten Hühnerfreund in unserer Nähe besorgt. Im ersten Schritt acht Hühner und einen Hahn. Diese Tiere sind aus eigener natürlicher Population im Stall unseres Nachbarn entstanden. In Europa kann man sicher auch artgerecht gehaltene Hühner von privat kaufen.

In unserem Fall hatten wir uns für bunt gemischte Hühnerrassen entschieden, Artenvielfalt durch den großen Genpool, um die Tiere möglichst robust zu halten.

Irgendwann waren wir mit den Vorbereitungen fertig und es kam der große Tag. Zu einem abgesprochenen

Termin lieferte uns der Nachbar die jungen Hühner. Ein aufregender Moment, den ich nie vergessen werde.

Die Tiere beruhigten sich binnen weniger Minuten von der Autofahrt, die sie in kleinen Boxen mit Belüftung ertragen mussten und eroberten das neue Zuhause mit einer angenehmen Fröhlichkeit. Das Gehege und der Stall waren schnell eingenommen. Sie waren alle sehr jung und konnten noch keine Eier legen.

Das Abenteuer hatte begonnen.

Hahn? Ja oder nein?

Ich halte mich an die Natur und dadurch stellt sich für mich diese Frage gar nicht. Ein Mann im Haus muss sein. Unser Hahn heißt übrigens Klaus. Ein Prachtkerl mit Charakter. Tja, und dieser Charakter muss auch gebändigt werden, sonst übernimmt er schnell das Kommando, auch gegenüber dem Hühnerhalter, nicht nur über die Hennen.

Der Hahn hat eine wichtige Aufgabe. Er will für die Sicherheit der Hühner sorgen und für den Zusammenhalt der Gruppe. Das ist vor allem wesentlich, wenn die Hühner an schönen Tagen das Gehege verlassen dürfen, um im Gelände ihren Urtrieben freien Lauf zu lassen. Dann wird aktiv im Boden gescharrt und kleine Würmer oder andere Kleintiere genüsslich verspeist.

Aber es lauern auch einige Gefahren, und hier kommt der Hahn ins Spiel. Es besteht zum Beispiel das Risiko, dass ein Fuchs herannaht und sich eines der Hühner greift, das als Nahrung für die Fuchswelpen dienen kann. Ja, die Natur kann grausam wirken. Deshalb beobachtet der Hahn mit einem auffälligen »Pendelblick« permanent seine Hennen.

Natürlich kann er Verluste nicht zu 100 Prozent unterbinden, aber er reduziert das Risiko erheblich. Trotzdem haben auch wir mittlerweile in jedem Jahr ein oder zwei Hühner, die den natürlichen Feinden zum Opfer fallen. Man muss grundsätzlich abwägen, ob man den Tieren dieses unfassbare Glück der Freiheit gönnt (sofern das vom Platz her überhaupt möglich ist), sie dabei aber einer lebensgefährlichen Situation aussetzt.

Ein Hahn lernt schnell aus den schmerzhaften Erfahrungen, ein Huhn zu verlieren. So hält er die Gruppe gut zusammen und vermeidet gefährliche Gebiete, wie bestimmte Waldareale, in denen die Füchse das Dickicht als Tarnung nutzen können.

Es gibt aber Hühnerhalter, die auf einen Hahn verzichten müssen, beispielsweise in urbanen Gebieten mit vielen Nachbarn. Ein Hahn kräht früh am Morgen, und nicht jeder Stadtbewohner genießt die anheimelnde ländliche Atmosphäre.

Wenn kein Hahn möglich ist, kann man wunderbar beobachten, wie die Natur das Problem löst. Meist übernimmt eine Henne diese Position und wird zum weiblichen Boss erkoren. Aber das ist natürlich nur ein mittelmäßiger Ersatz. Hahn bleibt Hahn.

Klaus, der stolze Hahn

Ein Thema ist für den Halter eines Hahnes besonders hervorzuheben. Der Hahn kann aggressiv werden und mit einem Macho-Gehabe vor seinen »Weibern« einen Führungsanspruch sogar gegenüber dem Hühnerhalter einfordern. Dann wird es ernst und man muss überlegt handeln. Wie reagiert man, wenn der Hahn auf die Stiefel des Halters mit gesenktem Kopf losgeht?

An dieser Stelle muss man wissen, dass er nur seinem Instinkt folgt, nicht mehr. Wenn man nun den Hahn tritt oder mit einem Ast auf ihn losgeht, verfestigt sich aus Sicht des Hahnes ein Feindbild. Was also tun?

Gerade Hähne sind intelligenter, als man glaubt. Der Hahn neigt halt ab und zu zum Übermut, aber ist im Prinzip recht leicht zu bändigen. Ihn als Hühnerhalter zu beeindrucken, ist ein Trick.

Ein Beispiel aus meiner eigenen Praxis: Als ich eines Morgens zum Füttern in das Gehege kam, ging Klaus, unser Hahn, plötzlich auf mich los.

Allein deshalb sollte man immer feste Schuhe im Stall oder Gehege tragen, oder noch besser, Stiefel. So sind alle »Überraschungsangriffe« ungefährlich.

Ich stellte mich direkt vor Klaus und sah ihm entschlossen in die Augen. Er hielt sofort inne. Dann bückte ich mich und hob einen schweren Ast auf, der auf dem Boden lag und hielt ihn hoch über meinen Kopf. Wir haben im Gehege zur Abwechslung für die Tiere immer ein paar Astgabeln oder Baumstämme liegen, auf denen die Hühner gern sitzen.

Klaus beobachtete meine schier unendliche Kraft, die ich durch das Heben des Astes bewies, den ich gekonnt in meinen bloßen Händen hielt. Wir sahen uns bei dieser Demonstration die ganze Zeit tief in die Augen.

Dann ließ ich den Ast fallen und er schlug zwischen Klaus und mir auf dem Boden auf. Klaus war offenbar tief beeindruckt von meinem Kunststück. Nun drehte ich mich um, ohne ihn eines Blickes zu würdigen und verließ das Gehege. Es ist an diesem Punkt ganz wichtig, dass man sich nun auf keinen Fall beim Weggehen noch einmal zu dem Hahn umdreht. Das könnte er nämlich als »ängstliche Flucht« interpretieren.

Als ich aus seiner Sichtweite hinter einem Baum verschwand, beobachtete ich ihn nun von Weitem, ohne das er es mitbekam. Klaus stand noch immer tief beeindruckt von meiner großen Show wie angewurzelt auf der Stelle. Dann kam langsam wieder Leben in das Tier und nun untersuchte er als Erstes den Ast, den ich so locker hochgehoben hatte. Er versuchte ihn

mit seinem Schnabel zu bewegen. Ohne Erfolg. Er was zu schwer für ihn. Ich konnte richtig sehen, wie er realisierte, mit wem er es bei mir zu tun hat und fortan hatte ich seinen größten Respekt.

Danach gab es für mich »nur noch« zwei kleine Herausforderungen mit ihm, aber Klaus ist auch wirklich ein besonders zähes Exemplar an Hahn. Irgendwann duckte er sich wieder vor mir in einer Art Kampfhaltung, aber ohne zum Angriff überzugehen. Mir war sofort klar, dass ich diesen Versuch einer neuen Hierarchiestruktur im Keim ersticken musste. Ein gekonnter Hechtsprung und dann griff ich ihn mir. Ich nahm ihn unter dem Arm. So konnte er seine Flügel nicht nutzen und ich hielt ihn dabei vorsichtig, aber bestimmt am Hals fest. Er war völlig wehrlos und fing nun an, laut Theater zu machen. Dabei begann ich, das große Programm einer Machtdemonstration zu nutzen, was er sich hätte sparen können.

Ich trug ihn in dieser wehrlosen Haltung immer wieder im Kreis des Geheges umher, und zwar so, dass es seine Hennen ihn alle sehen konnten. Er litt deutlich unter dieser Demütigung.

Nach ein bis zwei Minuten ergab er sich und hörte auf zu kreischen. Nun erklärte ihm, dass er das in Zukunft vermeiden kann, wenn er erkennt, dass ich hier der Boss bin. Das kam an.

Gegenüber seinen Weibern hat er längst wieder einen großen Schnabel, aber mir gegenüber zollt er größten Respekt und wir sind richtige Freunde geworden. Oft treiben wir gegen Abend die Hühnergruppe gemeinsam in das Gehege zurück, wenn sie tagsüber auf Tour waren.

Kurz: So ein Hahn ist ein wunderbares Tier mit großartigen Führungsfähigkeiten, was für die Hennen eine wichtige Sicherheit bietet. Aber es kann auch schon einmal eine kleine Herausforderung sein, wie man an meinem »Kumpel« Klaus sehen kann.

Wer selbst irgendwann Küken haben möchte und seine eigenen Generationen aus sich selbst heraus generieren möchte, kommt an einem Hahn ohnehin nicht vorbei, der die Eier ja erst befruchtet. Aber mit dem Thema der weiteren Zucht sollte man sich erst beschäftigen, wenn man ein wenig Erfahrungen gesammelt hat.

In normalen urbanen Gebieten, wie man sie in Europa meist vorfindet, wird man die Hühner vermutlich eher im Gehege lassen. Hühner sind wirklich anpassungsfähig und gewöhnen sich schnell an die Rahmenbedingungen, die man ihnen zugesteht. Im Verhältnis zu den industriellen Legebatterie-Hühnern leben fast alle Tiere in einer ordentlichen Privathaltung im Paradies.

Das Futter

Es versteht sich von selbst, dass man den Tieren täglich frisches Wasser anbietet. Aber auch das Futter ist wichtig. Wir selbst verfüttern nur naturbelassenes Futter, welches wir uns schicken lassen. Das sind bestimmte Mischungen aus Getreide, welches je nach Ausgabe feiner, grober oder gar nicht gemahlen wurde. Dazu kommen viele Abfälle aus dem Haushalt. Hühner sind fast Allesfresser. Aber es gibt Ausnahmen, wie rohe Kartoffeln oder ungekochter Kohl. Leckerli wie ein bisschen Salat oder Löwenzahn im Sommer oder Ähnliches sind immer ein Highlight.

Mittlerweile sind wir hier auf unserer kleinen Farm eingespielt. Morgens früh geht's für mich raus, um die Tiere zu füttern. Dazu gehören dann auch die Hühner, die mich überschwänglich begrüßen, sobald sie mich hören oder sehen. Gegen Mittag hole ich die Eier rein. Acht Hühner legen bei uns im Schnitt 5 Eier am Tag. Bei industriellen Legehühnern ist es natürlich mehr, aber wir bevorzugen die natürlichere Methode. Beim Entnehmen der Eier bedanke ich mich bei den Tieren, die mit großen Augen auf das nächste Leckerli warten, oder voller Tatendrang raus auf die Wiese wollen.

Letztlich machen diese Tiere einen großen Spaß und es ist wirklich amüsant, die unterschiedlichen Charaktere im täglichen Umgang zu beobachten. Sich mit einem Stuhl in das Gehege zu setzen und die lustigen Gesellen zu beobachten, ist besser als jeder Film.

KAPITEL 6

Brot backen

Wenn man sich die Art zu backen von heute ansieht, kann man schnell erkennen, dass bei der Zubereitung von Brot der Trend zum schnellen Gebäck geht und nur noch wenige Bäcker das traditionelle Handwerk mit langer Brotführung praktizieren. Dabei ist gerade die traditionelle und lange Brotführung wichtig, um das Brot bekömmlicher für den Menschen zu machen.

Daher ist es umso erfreulicher, dass das Interesse am eigenen Backen steigt und steigt. Viele lehrreiche Rezepte, Herangehensweisen, Tipps und Tricks bietet Lutz Geißler in seinen vielen Brotbackbüchern. Eines davon heißt *»Ein nützliches Büchlein für das Brot in der Not«*. Gerade diese kleine Fibel gibt viele Hilfestellungen, wenn man nicht unbedingt aus dem Vollen schöpfen kann, sondern aus dem, was man hat, etwas zaubern möchte.

Für ein gutes Brot, das wir backen möchten und das gesund und schmackhaft ist, brauchen wir in der Regel ein Triebmittel. Grundlage dazu kann ein Sauerteig oder ein Hefeteig sein.

So, wie wir einen Sauerteig leicht und unkompliziert selbst ansetzen können, so sollten wir in der heutigen Zeit auch bei der Hefe möglichst autark sein. Deswegen habe ich hier einige Informationen zusammengetragen, über die Hefe im Allgemeinen und die Herstellung von Hefe aus eigener Hand.

Hefe

Hefe besteht aus winzigen Mikroorganismen, die Zucker in Kohlenstoffdioxid und Alkohol umwandeln. Obwohl sie lebendig sind, gelten sie als vegan, da sie kein zentrales Nervensystem haben und daher keinen Schmerz empfinden.

Hefewürfel

Es gibt verschiedene Hefestämme, wobei *Saccharomyces cerevisiae* (Back- oder Bierhefe) am häufigsten von Menschen verwendet wird, während *Saccharomyces boulardii* medizinische Anwendungen hat.

Wilde Hefe sind Hefepilze, die in der Natur vorkommen und sich von Zuckerquellen wie Früchten ernähren. Sie können kultiviert werden, um sie fürs Backen zu nutzen.

Warum sollte man Hefe selbst herstellen?

Unabhängigkeit vom Angebot: Mit selbst gemachter Hefe hat man immer einen Vorrat, selbst wenn die Regale im Handel leer sind.

Verträglichkeit: Wilde Hefe ist oft besser verträglich, insbesondere für Menschen mit empfindlichem Magen, im Vergleich zur Industriehefe.

Transparenz der Inhaltsstoffe: Bei selbst gemachter Hefe kann man sicher sein, dass sie frei von künstlichen Zusatzstoffen ist und auf rein natürlicher Basis hergestellt wurde.

Hefewasser

Fermentwasser, auch bekannt als Hefewasser oder wildes Wasser, ist ein natürliches flüssiges Triebmittel, das seit Jahrhunderten im asiatischen Raum für verschiedene Fermentationsprozesse verwendet wird. Es entsteht durch Hefen, die in der Natur verbreitet sind, insbesondere in den meisten Obstsorten. Getrocknetes Obst eignet sich besonders gut als Nährmedium für die Hefen aufgrund seiner weichen, großen Oberfläche.

Wichtig ist, dass das Trockenobst nicht geschwefelt ist, da Schwefel die Hefen beeinträchtigen kann. Hefewasser kann aus verschiedenen essbaren Pflanzen hergestellt werden, wie Blüten, Obst, Gemüse,

Samen und Körnern. Allerdings benötigen viele von ihnen eine Zugabe von Zucker oder süßeren Früchten, um eine ordnungsgemäße Fermentation zu ermöglichen.

Hefewasser aus Obst und Gemüse

Zutaten

Option 1: 125 Gramm Soft-Aprikosen in Stücken, 2 Esslöffel Zucker, 500 Milliliter lauwarmes Wasser

Option 2: 2 getrocknete Datteln oder Pflaumen, 1 Esslöffel Zucker, 500 Milliliter lauwarmes Wasser

Option 3: 50 Gramm Rosinen, 500 Milliliter lauwarmes Wasser

Option 4: 1 Bio-Apfel, 4 Esslöffel Zucker, 400 Milliliter lauwarmes Wasser

Option 5: 125 Gramm Cocktailtomaten oder 1,5 große Tomaten, 30 Gramm Zucker, 500 Milliliter lauwarmes Wasser

Zubereitung

Das Glas wird sterilisiert, indem es zusammen mit den Deckeln für etwa 10 Minuten in kochendes Wasser gestellt wird. Dadurch wird es gründlich gereinigt und von möglichen Keimen befreit.

Hefewasser aus Äpfeln

Zucker und Wasser in das abgetrocknete Gefäß geben, gut verschließen und schütteln, bis sich der Zucker vollständig aufgelöst hat. Nun das Trockenobst hinzufügen.

Das Glas oder die Flasche wird gut verschlossen und an einem warmen Ort mit einer Temperatur von 25 bis 35 °C platziert. Dort lässt man es 5 bis 10 Tage stehen. Während dieser Zeit sollte der Behälter, um Schimmelbildung zu vermeiden, 2-mal täglich geschüttelt werden, vorzugsweise morgens und abends. Gelegentlich den Deckel kurz öffnen, um die Hefe zu aktivieren und entstehende Gase entweichen zu lassen.

An 3. Tag sollten in der Flasche schon deutlich aufsteigende Bläschen zu erkennen und das Wasser trüb sein.

Gelegentlich einen Geruchstest durchführen: Bei Geruch nach faulen Eiern ist die Hefe verdorben. Dann die Mischung entsorgen (ebenso, wenn Schimmel entsteht) und den Prozess von vorne beginnen. Schaum, Schlieren und Blasen sind normal und akzeptabel. Das Hefewasser ist fertig, wenn es den typischen Hefegeruch verströmt und sich viele kleine Blasen im Gefäß gebildet haben.

TIPP

Es wird empfohlen, luftdicht verschließbare Glasflaschen zu vermeiden, da die entstehenden Gase darin nicht entweichen können und es im schlimmsten Fall zu einer Beschädigung der Flasche kommen kann. Stattdessen sind Bügelflaschen oder Plastikflaschen eine geeignete Alternative. Ein Gefäß mit einer eher schmalen und hohen Form gilt als vorteilhaft, da die geringe Wasseroberfläche weniger anfällig für ungewollte Bakterien ist.

Anwendung

Vor der Verwendung des Hefewassers Früchte entfernen und kräftig schütteln, um die Hefe gleichmäßig zu verteilen. Mischverhältnis bei selbst gemachtem Hefewasser: 100 bis 125 Milliliter Hefe auf 500 Gramm Mehl. Gegebenenfalls die Flüssigkeitsmenge entsprechend auf das Rezept anpassen. Da die selbst gemachte Hefe eine geringere Triebkraft hat als industriell her-

Roggenmisch-Körnerbrot: Der Teig und die frisch gebackenen Brote.

gestellte Hefe, wird der Hefeteig nicht so schnell aufgehen. Um dies auszugleichen, wird ein Vorteig empfohlen:

Vorteig

150 Gramm Mehl mit 150 Milliliter des selbst gemachten Hefewassers und 1 Teelöffel Zucker vermischen. Den Vorteig etwa 3 Stunden an einem warmen Ort gehen lassen, mit den restlichen Zutaten vermischen und weiter verarbeiten.

Haltbarkeit

Selbst gemachtes Hefewasser bleibt im Kühlschrank für bis zu 2 Monate haltbar, da die Hefe in der Kälte inaktiv wird. Für optimale Ergebnisse wird empfohlen, das Hefewasser einen Tag vorher aus dem Kühlschrank zu nehmen. So hat es genügend Zeit, sich zu reaktivieren und seine volle Wirksamkeit zu entfalten.

Vermehren der Hefe

Um neue Hefe zu gewinnen, benötigt man nur 200 bis 300 Milliliter Hefewasser. Diese Menge erneut mit Wasser, Zucker und Datteln mischen. Der zweite Ansatz der Hefe ist bereits nach 2 bis 3 Tagen fertig.

Hefewasser aus Bier

Zutaten: 100 Milliliter naturtrübes Weizenbier, 1 Esslöffel Mehl, 1 Teelöffel Zucker

Zubereitung:

Vor der Verwendung das Gefäß sterilisieren und die Zutaten hineingeben. Das Gefäß verschließen und gründlich schütteln, bis sich der Zucker aufgelöst hat. Dann das Gefäß über Nacht an einem warmen Ort stehen lassen. Am nächsten Tag ist die selbst gemachte Hefe einsatzbereit. Im fertigen Produkt ist keine Biergeschmacksnote zu erkennen.

Sauerteig aus Hefewasser

Tag 1:
100 Gramm aktives Hefewasser mit 100 Gramm Mehl vermengen und etwa 12 bis 16 Stunden an einem warmen Ort bei etwa 28 °C gehen lassen.

Tag 2:
Den Ansatz aus dem vorherigen Tag mit 100 Gramm Mehl und 50 Gramm Hefewasser mischen. An einem warmen Ort bei etwa 28 °C 4 bis 5 Stunden gehen lassen, bis sich der Teig mindestens verdoppelt hat.

Dem Ansatz erneut 100 Gramm Mehl und 50 Gramm Hefewasser hinzufügen. Gut vermischen und 3 bis 4 Stunden bei etwa 28 °C gehen lassen, bis sich der Ansatz erneut mindestens verdoppelt hat.

Der Teig ist nun fertig und kann als vollständiger Sauerteig verwendet werden.

Hefewasser als Dünger für den Garten

Hefe ist eine nützliche Düngerquelle für Tomaten, da sie viele wichtige Nährstoffe wie Vitamin B, Eisen, Kalium, Magnesium und Zink enthält. Die Hefepilze arbeiten zusammen mit den Mikroorganismen im Boden und fördern die Produktion von Pflanzennährstoffen wie Stickstoff und Phosphor. Zudem kann Hefe als wirksames Spritzmittel gegen Fäulnis oder Grauschimmel eingesetzt werden.

Zucker-Hefe-Dünger

Zutaten: 1 Liter lauwarmes Wasser, 10 Gramm Hefe und 20 Gramm Zucker

Zubereitung:
Die Hefe wird mit dem Zucker vermischt und langsam mit Wasser in einem Eimer verrührt. Die Mischung sollte mehrere Tage lang gären. 1 Liter des Konzentrats reicht für 10 Liter Gießwasser. Alternativ kann 1 Liter des selbst gemachten Hefewassers verwendet werden.

Der Dünger kann alle 2 bis 3 Wochen verwendet werden. Vor dem Gießen sollte die Mischung 1 Stunde ruhen und vor jeder Anwendung gründlich umgerührt werden, um eine gleichmäßige Verteilung der Nährstoffe sicherzustellen und die Tomatenpflanzen optimal zu versorgen.

Hefeteig einfrieren

Hefeteig kann problemlos vorbereitet und eingefroren werden. Wichtig ist jedoch, dass der Teig nicht aufgehen darf!

So funktioniert's: Nach dem Kneten den Teig auf einer bemehlten und nicht zu kalten Arbeitsfläche (Holz oder Kunststoff) zu einem Rechteck ausrollen oder in kleine Portionen teilen. Den Teig entweder im Ganzen oder in kleineren Portionen luftdicht in Frischhaltefolie oder Bienenwachstücher einwickeln oder in einem Gefrierbeutel verpacken und einfrieren.

Haltbarkeit: Hefeteig hält sich im Gefrierschrank circa 6 Monate. Wichtig ist, dass der Teig möglichst luftdicht und gut verschlossen eingefroren wurde.

Weiterverarbeitung: Gefrorener Hefeteig kann entweder im Kühlschrank über Nacht oder bei Zimmertemperatur abgedeckt auftauen. Nach dem Auftauen kurz durchkneten, gehen lassen und wie gewohnt weiterverarbeiten.

Hefeersatz

Backpulver

Backpulver ist eine gängige Alternative zu Hefe und in den meisten Haushalten verfügbar. Um eine ähnliche Triebkraft wie bei Hefe zu erzielen, empfiehlt es sich, etwa 16 Gramm Backpulver auf 500 Gramm Mehl im Teig zu verwenden, das entspricht einer handelsüblichen Backpulvertüte oder einem halben Würfel Frischhefe. Es eignet sich besonders gut für leichte Teige wie für Baguette oder Brötchen.

Im Vergleich zu Hefeteig gelingt Teig mit Backpulver schneller, da keine übliche Gehzeit benötigt wird. Es ist wichtig, den Teig zügig zu verarbeiten, um die treibende Wirkung des Backpulvers nicht zu beeinträchtigen.

Joghurt oder Quark als Teil des Flüssigkeitsersatzes verleiht dem Teig eine sanfte, leicht säuerliche Note und lockert ihn zusätzlich auf. Dadurch wird der Teig nicht nur luftig, sondern erhält auch einen Geschmack, der an einen typischen Hefeteig erinnert.

Natron

Die Verwendung von Natron erfordert zusätzlich ein Säuerungsmittel wie Joghurt, Buttermilch, Kefir, Zitronensaft oder Essig, um die teiglockernde Reaktion auszulösen. Um Hefe beim Backen durch Natron zu ersetzen, werden 5 Gramm Natron und 6 Esslöffel Essig oder Zitronensaft auf 500 Gramm Mehl im Teig benötigt.

Die Reaktion zwischen Natron und Säure setzt sofort ein. Deshalb empfiehlt es sich, Essig oder Saft erst am Ende hinzuzufügen und den Teig zügig zu verarbeiten, um die teiglockernde Wirkung optimal zu nutzen.

Sauerteig

Sauerteig besteht aus einer Mischung aus Milchsäurebakterien und Hefepilzen. Die von diesen Mikroorganismen erzeugten Stoffwechselprodukte lockern den Teig und verbessern die Verdaulichkeit, das Aroma, den Geschmack und die Haltbarkeit.

Besonders wichtig für den Sauerteig und bei Verwendung von Roggenmehl ist der Säurezusatz. Die Säure wird benötigt, um die Wirkung mehleigener Enzyme zu hemmen. Diese Enzyme könnten das Teiggerüst (Gluten) und die Stärke angreifen und die Wasseraufnahme reduzieren. Fehlt die Säuerung, geht das Roggenbrot kaum auf.

Sauerteigbrote haben ein sehr leckeres und ausgewogenes Aroma, sind leichter verdaulich und somit bekömmlicher. Zusätzlich bleiben Roggenbrote länger frisch und schimmeln nicht so schnell.

Sauerteigansatz

Zutaten: Vollkornmehl oder Roggenmehl Type 1150 oder Weizenmehl/Dinkelmehl Type 1050 (Bioqualität); Warmes Wasser; Schraubglas mit circa 500 Milliliter Fassungsvermögen

Tag 1: 50 Gramm Mehl und 50 Milliliter warmes Wasser im großen Einmachglas gründlich vermengen. (Bei sehr fester Masse 10 Milliliter mehr Wasser verwenden, maximal 60 Milliliter). Den Deckel locker auflegen. Die Mischung bei etwa 25 bis 30 °C circa 20 bis 24 Stunden reifen lassen.

Tag 2: Kompletten Ansatz vom Vortag mit 50 Gramm Mehl und 50 bis 60 Milliliter warmem Wasser vermengen. Den Deckel locker auflegen. Zugedeckt bei circa 25 bis 30 °C reifen lassen, bis das Volumen sich verdoppelt und leicht zurückgeht.

Tag 3: Erneut den Ansatz mit 50 Gramm Mehl und 50 bis 60 Milliliter warmem Wasser vermengen. Deckel auflegen. Zugedeckt bei circa 25 bis 30 °C reifen lassen, bis sich das Volumen verdoppelt und leicht zurückgeht. Erste Blasenbildung möglich.

Tag 4: Ein letztes Mal den Ansatz mit 50 Gramm Mehl und 50 bis 60 Milliliter warmem Wasser vermengen. Deckel auflegen. Zugedeckt bei circa 25 bis 30 °C Celsius reifen lassen, bis das Volumen um etwa die Hälfte zunimmt.

Verwendung des Sauerteig-Anstellguts

Wenn die Mischung deutlich säuerlich riecht, ist das Sauerteig-Anstellgut bereit zum Backen.

Für ein Sauerteigbrot mit circa 500 Gramm Mehl werden etwa 75 Gramm Anstellgut benötigt. Möglicherweise kann in den ersten Versuchen die Zugabe von etwas Hefe notwendig sein, bis der Sauerteig allein ausreichend triebstark ist.

Das Anstellgut kann nun für jedes beliebige Sauerteigrezept verwendet werden.

Übrigen Sauerteigansatz füttern

Restliches Sauerteig-Anstellgut im Kühlschrank aufbewahren und alle 7 bis 10 Tage »füttern«. Um die Triebkraft zu steigern, kann der Teig auch einige

Tage täglich gefüttert werden. Dazu 10 Gramm Sauerteigansatz aus dem Kühlschrank entnehmen und wie oben beschrieben füttern, 75 Gramm Ansatz für das Brot verwenden und den Rest wieder im Kühlschrank aufbewahren.

Sauerteig haltbar machen durch Trocknen

Circa 200 Gramm aktiven Sauerteig dünn und glatt auf ein Backpapier streichen und mit einem weiteren Backpapier abdecken. Die Trockenzeit variiert (mindestens 24 Stunden). Sobald der Teig trocken ist, kann er zerbröselt und in ein Schraubglas gegeben werden.

Zum Reaktivieren des getrockneten Sauerteigs einfach erneut mit Mehl und Wasser, wie oben beschrieben, füttern.

Tipp

Während der Ruhephasen ist eine konstante Temperatur von etwa 25 °C bis 30 °C ideal; keinesfalls sollte 40 °C überschritten werden. Gut ist die Nähe eines Heizkörpers oder im Backofen bei niedriger Temperatur.

Besonders wichtig ist, die Werkzeuge nach jedem Schritt gründlich zu reinigen und den Sauerteig nicht mit metallenen Utensilien zu berühren. Metalle, besonders Edelmetalle, besitzen antibakterielle Eigenschaften, die die Milchsäurebakterien stören können.

Tritt eine graue oder dunkle Flüssigkeit auf dem Sauerteig-Anstellgut im Kühlschrank auf, keine Sorge. Diese Flüssigkeit wird »Fusel« genannt und bedeutet meist lediglich, dass der Sauerteig bald gefüttert werden sollte.

Brotrezepte

Hier meine Lieblingsbrotrezepte mit dem Lievito-Madre-Sauerteig und einem deftigen Roggen-Sauerteig. Wir verwenden ausschließlich Bioprodukte, die dem Brot eine bessere und gesündere Qualität verleihen.

Was ist ein Lievito Madre und wie bereiten wir ihn zu?

Der Lievito Madre ist etwas Besonderes. Er kommt aus dem Land des guten Weißbrotes und der Pizza, aus Italien. Lievito Madre bedeutet »Mutterhefe« und bezeichnet einen milden italienischen Sauerteig. Er ist ein Tausendsassa, der für helle Brot- und Brötchenteige, für Pizza, auch für süße Hefeteige verwendet werden kann. Auch für dunklere Brotteige dient der Lievito Madre als Sauerteigersatz und wird, wenn er fertig ist, genauso gepflegt wie andere Sauerteige auch.

Wie weiter oben schon erläutert, arbeitet ein Sauerteig selbstständig. Er hat eine sehr lebendige Ausstrahlung. Tausende kleine Mikroorganismen entwickeln in jeder Minute das Anstellgut weiter. Je länger es fermentiert, desto bekömmlicher wird das Brot. Mit diesem Grundgedanken können wir uns mit den fleißigen, unsichtbaren Naturkräften zu einer wunderbaren und fruchtbaren Kooperation verbinden.

Das Anstellgut für den Lievito Madre geht einfach, in nur 5 bis 6 Tagen hat man einen zuverlässigen neuen Freund im Kühlschrank. Der Teig besteht nur aus Mehl und Wasser. Er ist dicker und zäher als Sauerteig, da er in einem anderen Mengenverhältnis gefüttert wird. Nur beim ersten Ansatz enthält er, falls überhaupt gewünscht, ein wenig Olivenöl und Honig. Zur Herstellung und auch Aufbewahrung nehmen wir ein großes, verschraubbares Glas oder Einweckglass mit aufgelegtem Deckel. Ungeeignet sind Plastikschüsseln oder breite Gefäße, der Lievito Madre will nach oben klettern.

Es gibt verschiedene Herstellungsmethoden. Mit der Folgenden habe ich die besten Erfahrungen gemacht. Wichtig ist es, den Lievito bei Zimmertemperatur herzustellen und auch in der Wärme zu belassen.

Lievito Madre

Tag 1

Zutaten: 100 Gramm Weizenmehl, Type 550, 50 Milliliter Wasser, 1 Teelöffel Olivenöl (falls gewünscht), 1 Teelöffel Honig (falls gewünscht)

Zubereitung: Das Wasser mit dem Olivenöl und Honig vermischen, dann das Mehl unterkneten. Der Teig sollte nicht mehr kleben und so fest sein, dass er sich zu einer Kugel formen lässt, gegebenenfalls noch etwas Mehl dazugeben. Den Teig in ein großes Glas geben und an einen warmen Ort (zwischen 25 und 28 °C) stellen. Ihn dort 24 Stunden stehen lassen.

Tag 2

Bei mir bleibt der Teig im Glas, ich nehme einen großen Löffel davon heraus, und rühre mit einem langen Holzlöffel weitere 50 Milliliter Wasser, 100 Gramm Weizenmehl, Type 550 darunter, bis er wieder fest und geschmeidig ist. Das Ganze weitere 12 Stunden reifen lassen. Diesen Vorgang wiederhole ich an **Tag 3, 4 und 5.**

Tag 5

Am 5. Tag können wir den fertigen Lievito Madre bestaunen. Noch einmal wird der Vorgang wiederholt. Alles wieder gut verkneten oder verrühren. Nach einer Zeit von 1 bis 3 Stunden sollte der Teig sich um das 2- bis 3-Fache vergrößert haben. Wir entdecken große Poren an ihm. Falls das noch nicht der Fall ist, können wir den Vorgang wiederholen. Ein Teelöffel Honig und Öl helfen im Fall etwas nach. Zuweilen können wir schon an Tag 3 oder 4 erkennen, dass das Anstellgut fertig ist. Nun wandert unser Freund in den Kühlschrank und ist bereit zu einer langen und guten Zusammenarbeit.

Wenn man gerade keinen Lievito Madre zum Backen braucht, kann er gut ein bisschen im Kühlschrank ruhen. Er muss dann nur alle 7 bis 14 Tage gefüttert werden. Dazu nimmt man einen dicken Löffel heraus, und füttert ihn mit 50 Milliliter Wasser und 100 Gramm Mehl. Je älter er ist, umso genügsamer wird er. Die Reste vom Ansatz können wir getrennt im Kühlschrank (auch im verschraubbaren Glas) aufbewahren und zu beliebigen Brotteigen geben.

Hausbrot FDD

Dieses Rezept habe ich von einer lieben Freundin. Die Abkürzung FDD steht für: Friss-Dich-Dumm-Brot. Es ist ein ideales Rezept, wenn es mal schnell gehen muss. Der Lievito Madre gibt dem Brot eine gute Bekömmlichkeit und eine leicht säuerliche Milde.

FDD-Brot

Zutaten: 430 Milliliter Wasser, handwarm; 3 Gramm Hefe (Trockenhefe 1 Gramm) im Wasser aufschlämmen; 150 Gramm Lievito-Madre-Anstellgut; 300 Gramm Weizenmehl, 200 Gramm Brotmehl (mit Vollkornanteil); 100 Gramm Dinkelmehl; 50 Gramm Pizzamehl; 5 Gramm Zucker; 18 Gramm Salz

Zubereitung: Alle Zutaten mischen und den Teig insgesamt 3 Stunden gehen lassen. Jeweils nach 60 und 120 Minuten dehnen und falten. Einen mit Backpapier ausgelegten Topf im Backofen bei 250 °C vorheizen. Brotteig in den Topf geben und den Topf in den Ofen schieben. Bei 240 °C 55 Minuten backen. Eventuell ohne Deckel noch weitere 10 Minuten ausbacken.

Lievito-Madre-Sesambrot

(von Marcel Paa inspiriert)

Mit diesem außergewöhnlichen Brot macht man sich viele Freunde, denn es schmeckt herzhaft, ist sehr gut bekömmlich und sieht fantastisch aus.

Zutaten: 130 Gramm Lievito-Madre-Anstellgut, 330 Milliliter warmes Wasser, 12 Gramm Salz, 360 Gramm Weißmehl, 90 Gramm Vollkornmehl

Zubereitung: Alle Zutaten mischen und den Teig etwa 15 Minuten lang kneten. Dann eine flache, längliche Schüssel mit Olivenöl ausfetten, den Teig, der geschmeidig, aber fest und trocken ist, darin ausbreiten und ihn bei Zimmertemperatur 2 ½ bis 4 Stunden gehen lassen.

Den Teig nach der Stockgare herausnehmen und 150 Gramm abstechen. Zwei Kugeln formen, eine kleine und eine große aus dem Rest des Teiges. Diese große Kugel wird das eigentliche Brot. Die große Kugel mit Wasser einpinseln und mit der runden, makellosen Oberseite in Sesamkörnern wälzen.

Die kleine Kugel auswalzen zu einem circa 2 Millimeter dünnen, runden Teigstück. Dieses an seinem äußeren Rand mit Wasser bestreichen, im Innenrund mit Olivenöl. Dieses dünne Teigtuch legen wir umgekehrt über die dicke Teigkugel, sodass das Innenrund mit Öl auf die Sesamkerne auf der dicken Kugel kommen. Das dünne Teigtuch unter der Kugel einschlagen und festdrücken. Mit der oberen Seite nach unten in den Garkorb legen und 8 bis 14 Stunden in den Kühlschrank geben, am besten über Nacht. Am nächsten Morgen den Backofen auf 250 °C vorheizen, die Teigkugel aus dem Kühlschrank nehmen und oben mit feinem Mehl einstäuben. Wir schneiden mit einem scharfen Messer ein großes Kreuz in die oberste Teigschicht und backen das Brot bei 250 °C für etwa 20 Minuten. Dann den Backofen auf 190 °C herunterstellen und bei weiteren 20 bis 25 Minuten das Brot ausbacken.

Westfälischer Roggenlaib

(von Brotdoc inspiriert)

Ein wunderbares kräftig-herzhaftes Roggenbrot, eine Art Landbrot im besten Sinne. Sehr bekömmlich und aromatisch. Schmeckt wie das Brot früher in der Kindheit.

Zutaten: 50 Gramm Sauerteig-Anstellgut, 250 Gramm Roggenvollkornmehl, 250 Milliliter warmes Wasser

Zubereitung: Die Zutaten gut verrühren und 10 bis 12 Stunden bei Zimmertemperatur gehen lassen. Daraus entsteht unseren Sauerteig. Nach der Reifezeit den Teig in eine große Rührschüssel geben und folgende Zutaten hinzufügen: 240 Gramm Roggenmehl, 210 Gramm Weizenmehl, 270 Milliliter Wasser, 14 Gramm Salz, 6 Gramm Frischhefe (Trockenhefe 2 Gramm), 14 Gramm flüssigen Honig.

Alles gut vermischen, etwa 10 Minuten kneten (gegebenenfalls mit der Maschine) und circa 45 Minuten stehen lassen. Danach den Teig auf die bemehlte Arbeitsfläche geben und mit den Händen noch einmal kräftig durchkneten und wirken. Dabei einige längliche Falten auf dem Teigrücken formen. Den Teigling mit den Falten nach unten umdrehen und mithilfe einer Teigkarte und den Händen rund formen. Zum Schluss nach unten abgedeckt noch einmal etwa 50 Minuten im Garkorb reifen lassen. Das ist eine recht kurze Reifezeit. Sie bewirkt, dass der Teig beim Backen dann schön »aufreißt«.

Den Backofen auf 240 °C vorheizen. Das Brot auf das vorgeheizte Blech (mit Backpapier) kippen und in den Ofen schieben. Nach einigen Minuten eine kleine Tasse Wasser (etwa 50 Milliliter) in den Ofen schütten und das Brot somit »schwaden«. Die Backofentür sofort schließen, die Temperatur auf 210 °C reduzieren und das Brot für 60 Minuten ausbacken.

Viel Erfolg!

KAPITEL 7

Outdoor, Krisenvorbereitung

Kelly Kettle®
Kelly Kettle®

Wer das Camping liebt, wer gerne wandern geht, oder wer sich auf eine handfeste Krise vorbereiten möchte, der sollte das richtige Zubehör und Geschirr vor Ort haben, um es im Notfall gleich zur Stelle zu haben. Wir möchten hier auf einige sehr nützliche Tools hinweisen, die auch schwierigere Zeiten leichter überstehen lassen.

Kelly Kettle

Die Kelly Kettle ist ein toller Begleiter. Das sehr einfach aussehende Gerät ist sehr durchdacht und auf ganz einfache Weise nützlich, um sich unterwegs versorgen zu können. Heißes Wasser ist ein Must-have, etwa um sich in der Kälte einen Tee oder eine Suppe aufzubrühen.

Mit der Kelly Kettle hat man auf sehr kleinem Raum und mit wenig Gewicht eine Miniküche dabei. Je nachdem welches Set man hat, ist dieses unterschiedlich zusammengestellt. Am besten wählt man sein Set nach den eigenen Bedürfnissen. Eine Art Rundum-sorglos-Paket hat man mit dem Kelly Kettle Ultimate Base Camp Set Edelstahl, das wir uns hier nun auch genauer ansehen wollen. Dieses Set besteht aus zwei unterschiedlichen Fire-Base-Systemen, dem klassischen, das wie ein kleiner Topf aussieht mit einer seitlichen Öffnung, um optimalen Zug für das Feuer erzeugen zu können, und dem Flat Packs, welches aus zwei kreuzbaren Blechen bestehen. Der Griff erleichtert das Handling der Utensilien, und mit dem Grill kann portionsweise über dem offenen Feuer gegrillt werden. Auch dabei ist ein kleiner Edelstahlbehälter mit 0,85 Liter Fassungsvermögen, der als Topf dient. In dem kann man sowohl etwas anbraten als auch kochen. Der Deckel dient als Abdeckung, kann aber auch wie eine kleine Pfanne verwendet werden. Dann enthält das Set noch zwei Teller und zwei Tassen mit jeweils einem

links: Kelly Kettle im Einsatz

Volumen von 0,35 und 0,5 Liter und natürlich dem Herzstück, neben der Fire Base, der Kanne mit einem Fassungsvolumen von 1,6 Litern.

Aber warum sollten wir auf die Kelly Kettle zurückgreifen, wenn es doch so viele unterschiedliche Outdoorkocher gibt? Durch die ausgeklügelte Funktionsweise brauchen wir nur einen geringen Einsatz von Brennmaterial. In der Brennkammer, die uns als Basis dient, können wir mit ganz einfachen, brennbaren Dingen wie kleinen Stöcken, Zapfen, Rinde oder was wir im Wald oder der Natur finden, Feuer machen.

Wir setzen die Kanne gefüllt mit Wasser auf unsere Basis. Das Füllen mit Wasser passiert über den Wasser-Ein- und Auslassstutzen. Der Auslass ganz oben in der Kanne, der einen vertikalen Zylinder bildet, der sich nach unten weitet, dient als Kamin und als Befeuerungsschlot. Das heißt, ist die Basis angefeuert und steht die Kanne darauf, können über den Kamin in der Kanne Zapfen oder Äste auf das Feuer nachgelegt werden. Durch die große Innenfläche der Kanne, die direkt in Kontakt mit dem Feuer ist, wird das Wasser, das sich in der Kanne befindet, sehr schnell erhitzt.

Zusätzlich kann man oben auf den Kamin ein Gestell aufbauen, auf dem man zusätzlich den kleinen Topf oder den Rost geben kann, um weitere Lebensmittel zu braten oder erwärmen. So können mit einem Aufbau gleichzeitig mehrere Dinge erwärmt werden. Natürlich ist es auch möglich, direkt auf der Basis den Rost aufzulegen und dort etwas zu grillen.

Wie auch bei allem anderen Outdoorzubehör sollte man auch hier mit der Anwendung nicht bis zum Notfall warten, sondern es vorher schon mal versuchen. Vielleicht mit Spaß einfach mal ein Essen im Outback oder auch nur im Garten zubereiten, um ein Gefühl für das Handling zu bekommen. Gerade für einen allein oder auch zu zweit kommt man mit diesem kompakten Helfer auf jeden Fall gut durch so manche brenzlige Situation oder man genießt einfach eine Nacht romantisch und ganz geerdet in der freien Wildbahn.

Raketenofen

Der Raketenofen ist nicht unbedingt ein Outdoor-Kochgerät, das man im Handgepäck mit dabeihat, aber wenn wir an den größten Fluchtrucksack denken, den es gibt, sollte der Raketenofen dort in unserem Versteck oder unserem Nachziehwagen mit dabei sein.

Ein großer Vorteil dieses Ofens ist, dass wir ihn als Wärmequelle nutzen können und mit ihm warme Speisen und Getränke zubereiten können. Die Handhabung ist sehr einfach. Es ist nur darauf zu achten, den Ofen auf einer feuerfesten, möglichst ebenen Unterlage zu platzieren, und schon kann darauf gekocht werden.

Durch den speziellen Aufbau und der Isolierung der Brennkammer ist es möglich, mit Ästen, Laub, Rinden und kleinen Stöcken, aber auch mit trockenen Zapfen den Ofen anzufachen.

So wie die Befeuerungsöffnung und das integrierte Zugrohr angeordnet sind, kann auch bei schlechter Witterung und Wind ohne Probleme der Ofen betrieben werden.

Natürlich brauchen wir möglichst trockenes Brennmaterial. Hier könnte es nützlich sein, etwas auf Vorrat zu haben, zum Bespiel Anzünder, kleine Kohlen, ein bisschen Feuerholz oder Äste, die die man trocken verwahrt.

Durch die Größe der Brennkammer und den integrierten Kamin wird zusätzlich die Hitze optimal genutzt. Die verwendeten Materialien versprechen eine lange Lebensdauer und solide Nutzbarkeit. Als Kochutensilien bieten sich Gusspfannen und -töpfe an. Wenn man unterwegs ist und jedes Kilo zählt, würde Edelstahl oder Aluminiumkochgeschirr besser sein. Wie schon erwähnt, ist der Raketenofen mit einem Gewicht von 8,5 Kilogramm nichts für das leichte Gepäck.

Wenn wir den Raketenofen aufbauen, haben wir am Boden die Aschekammer, hier fällt das verbrannte Material hinunter und kann nach Gebrauch leicht entfernt werden. Eine Etage höher können wir die Zuführung an die Brennkammer anbringen, die uns hilft, bei größeren Holzstücken oder auch bei längeren Ästen, diese dort abzulegen, während das vordere Ende in die Brennkammer ragt und dort verbrannt wird. So können wir das Material immer Stück für Stück nachschieben und das Feuer zum einen etwas regulieren, aber auch für längere Zeit aufrechterhalten. Der Zwischenraum von Brennkammer bis zum Gussrost, auf der wir unser Kochgeschirr aufstellen, dient als Kamin. Der Abstand ist so ausgeführt, dass das Feuer ausreichend mit Sauerstoff versorgt wird, um gut zu brennen und die Temperaturentwicklung am Kochbereich hoch genug ist. Hier können wir einen Topf aufsetzen, einen Grillrost auflegen oder eine Pfanne aufstellen, um uns eine Suppe zu kochen, ein paar Würstchen oder ein Spiegelei zu braten.

Tipp

Gerade der Raketenofen bietet sich an, wenn man mit Freunden einen gemütlichen Sommerabend verbringen möchte und zum einen ein bisschen etwas zum Wärmen braucht und vielleicht ein paar gegrillte Würstchen zum Bier essen mag.

Die Sturmlaterne

(Petroleumlampe)

Die Sturmlaterne gilt schon fast als Rarität. Der ein oder andere kennt sie noch von den Großeltern, auch bei Campingliebhabern und Abenteurern ist sie noch bekannt. Was genau ist aber eine Sturmlampe, und wozu ist sie zu gebrauchen? Genau betrachtet handelt es sich bei der Sturmlampe um eine von vielen Weiterentwicklungen der Öllampe oder der Laterne. Sie wird auch als Petroleumlampe bezeichnet. In den Worten Sturmlampe und Petroleumlampe stecken bereits zwei sehr wichtige Eigenschaften der Lampe, denn sie ist selbst bei sehr misslichen Wetterverhältnissen immer noch einsatzbereit und bringt auch bei Wind und Unwettern Licht, und ihr Brennstoff ist Petroleum.

Angesichts der Materialien, die bei ihrer Herstellung verwendet werden und mit welchen sie betrieben wird, kann davon ausgegangen werden, dass ihre Geburtsstunde Anfang des 19. Jahrhunderts liegt. Der Glaszylinder, der bei der Lampe zum Einsatz kommt, vor äußeren Einflüssen schützt und die Robustheit des Leuchtmittels gewährleistet, wurde 1810 im Rheinland erfunden. Einige Jahrzehnte später, 1854, wurde der Runddocht, der als Mediumträger für das Petroleum dient, eingeführt. Mit diesen beiden wichtigen Bauteilen konnte die Sturmlampe bis heute glänzen und bestehen.

Es spricht für sich, dass diese Laterne keine großen technischen Überarbeitungen oder Upgrades bekommen hat. Sie besteht immer noch aus einem Tank mit einem Regler, einem Docht, dem Brenner, dem Bügelverschluss mit der Anhebeöse, mit der der Glaszylinder angehoben oder abgesenkt werden kann. Die Technik ist sehr einfach und auf das Wesentliche reduziert. Der Tank, der befüllt ist mit Petroleum, das durch eine Kapillarwirkung vom Docht in die Brennkammer aufsteigt. In der Brennkammer, also in dem Glaszylinder endet dieser und kann durch Anheben des Glases entzündet werden. Man kann die Position des Dochtes in der Höhe verstellen, um die optimale Verbrennung des Petroleums zu erhalten. Die genaue Bedienung kann der Bedienungsanleitung, die jeder Sturmlampe beim Kauf beiliegt, entnommen werden.

Es gibt sie in den unterschiedlichsten Ausführungen, sowohl für dekorative Zwecke im Garten oder ganz klassisch aus verzinktem Blech. Um Licht zu bekommen, ist das alles unwichtig, dafür braucht es eine Lampe und die notwendigen Betriebsmittel, also Ersatzdocht und Petroleum.

Eine gewöhnliche Lampe hat eine Brenndauer von circa 20 Stunden pro Tankfüllung. Die Lampe ist nicht geeignet für die Nutzung in geschlossenen Räumen, die Wärmeentwicklung sollte nicht unterschätzt werden. Also immer nur auf feuerfesten Untergrund oder am besten hängend positionieren.

Achtung

Die Laterne wird im Betrieb heiß. Darum hat sie den Tragebügel.

Das Nachfüllen des Tanks ist während des Betriebs nicht möglich, da es hier zu Unfällen kommen kann. Der große Vorteil gegenüber Kerzen ist die weit größere Helligkeit und die preisgünstigeren Verbrauchsmaterialien. Auch bei Wind und Wetter funktioniert die Sturmlampe.

Die Petroleum- oder Sturmlampe ist ein absolut treuer Begleiter in Krisenzeiten auf den man sich zu 100 Prozent verlassen kann und das ohne viel Vorbereitung und Aufwand.

Ihr Lieben,

ein paar Gedanken zum Schluss.

Mit diesem Buch möchten wir die Überlebensstimme in uns Menschen anregen und wiederbeleben. Hinweise auf zum Teil längst vergessenes Kulturgut aus Garten und Küche, von dem unsere Vorfahren zwar noch wussten, die uns heute jedoch zum Teil völlig abhandengekommen sind, können dabei helfen.

Die inneren Bilder und Erinnerungen aus meiner Kindheit an meine Mutter und auch an meine Großmutter haben mich geprägt: Jeden Sommer und Herbst waren sie wochenlang damit beschäftigt, die Ernte aus dem Garten, in dem wir alle den Sommer über gearbeitet hatten, einzukochen, einzulegen, haltbar zu machen und zu trocknen.

Sie wussten viel darüber, hatten umfangreiche Erfahrungen und gerade durch Fehler viel gelernt. Dank ihnen hatten wir Kinder immer genug zu essen. Riesige Supermärkte wie heute gab es damals noch nicht, nur einen kleinen Laden an der Ecke, wo man viel Abgepacktes kaufen konnte, aber kaum frisches Obst oder Gemüse. Das hatten wir selbst, im Sommer frisch und im Winter lebten wir von den Äpfeln, Möhren und Kartoffeln aus dem Keller. Tag für Tag öffneten wir Einmachgläser mit Bohnen, Kraut, eingelegtem Gemüse und süßen Früchten. Heute, im allgemeinen Krisenvokabular, würde man sagen: Wir waren unabhängig von Politik und Wirtschaft, wir standen auf eigenen Füßen.

Was für unsere Vorfahren ganz selbstverständlich war, hatte sich entwickelt aus Kriegs-und Krisenzeiten. Die Herausforderungen, die die Menschen überstehen mussten und wollten, hat sie erfinderisch gemacht. Welch ein wertvolles Wissen dort schlummert. Uns erscheint es wichtig, dass wir »moderne« Menschen, die wir uns heutzutage häufig nur noch aus dem Discounter oder Supermarkt ernähren, nicht die Verbindung verlieren zum Ursprung und zur Natur. Das Leben ist so viel reicher, wenn wir uns dem interessiert zuwenden. Wir können selbst viel mehr gestalten, wenn wir es nur wollen. Mit unseren Freunden, den Helfern in Natur und Schöpfung, können wir unglaublich bereichernde Resultate erzielen. Das Brotbacken, dieses wunderbare alte Handwerk, das schon seit Jahrhunderten besteht, können wir alle erlernen. Und uns an dieser wohltuenden und segenbringenden Tätigkeit und den daraus entstehenden Köstlichkeiten erfreuen.

Ein frisch gepflückter, duftender Apfel, eine aromatische, leuchtend rote Tomate, die ihren Namen verdient, weil Sonne, Wind und Regen ihr das Leben gaben, frische Zwiebeln und Knoblauch, die wir beim Wachsen und Gedeihen begleiten durften, gelungenes Backwerk, all das ist pures Glück.

Möge dieses Buch mit dazu beitragen, diese Freude in anderen Menschen zu wecken.

Eva Herman

Literaturverzeichnis

Bubel, Nancy; Bubel, Mike: *Der eigene Naturkeller.* Rottenburg 2015.

Frintrup, Mechthilde: *Das Brennnessel Buch.* Aarau und München 2020.

Geißler, Lutz: *Ein nützliches Büchlein für das Brot in der Not.* Hamburg 2022.

Kalbermatten, Roger: *Wesen und Signatur der Heilpflanzen.* Aarau und München 2019.

Katz, Sandor Ellix: *Die Kunst des Fermentierens.* Rottenburg 2017.

Ulfkotte, Udo: *Was Oma und Opa noch wussten.* Rottenburg 2019.

Seymour, John: *Selbstversorgung aus dem Garten.* Rottenburg 2018.

Storl, Wolf-Dieter: *Heilkräuter und Zauberpflanzen zwischen Haustür und Gartentor.* Aarau und München 2018.

Storl, Wolf-Dieter: *Die Seele der Pflanzen.* Stuttgart 2009.

Storl, Wolf-Dieter: *Die Urmedizin.* Aarau und München 2015.

Storl, Wolf-Dieter: *Kräuterkunde.* Bielefeld 2011.

Storl, Wolf-Dieter: *Vom rechten Umgang mit heilenden Pflanzen.* Freiburg im Breisgau 1986.

Breindl, Ellen: *Das große Gesundheitsbuch der Hl. Hildegard von Bingen.* München 2004.

Brooke, Elisabeth: *Von Salbei, Klee und Löwenzahn.* Freiburg im Breisgau 1997.

Alpenländisches Kräuterhaus: *Lexikon der Heilpflanzen.* Köln 1977.

Fleischhauer, Steffen Guido; Guthmann, Jürgen; Spiegelberger, Roland: *Essbare Wildpflanzen.* Aarau und München 2015.

Hertzka, Dr. Gottfried, Strehlow, Dr. Wighard: *Große Hildegard-Apotheke.* Freiburg im Breisgau 1995.

Hirsch, Siegrid; Grünberger, Felix: *Die Kräuter in meinem Garten.* Engerwitzdorf/Mittertreffling 2014.

Kalbermatten, Roger: *Wesen und Signatur der Heilpflanzen.* Aarau und München 2019.

Kalbermatten, Hildegard; Kalbermatten, Roger: *Pflanzliche Urtinkturen.* Aarau und München 2011.

Kosch; Alois: *Handbuch der deutschen Arzneipflanzen.* Berlin 1939.

Krisenheld: *Die Survival-Bibel.*

Manner, Liselotte: *Der 3 in 1 Heilpflanzenratgeber.* Independently published 2022.

Mayer, Dr. Johannes Gottfried; Uehleke, Bernhard; Saum, Pater Benedikt: *Handbuch der Klosterheilkunde.* München 2002.

Quinche, Robert: *Heilpflanzen für Dich.* Herrsching 1982.

Ruoff, Marianne: *Schachtelhalm.* Aarau und München 2019.

Simonsohn, Barbara: *Artemisia Annua – Heilpflanze der Götter.* Murnau 2024.

Treben, Maria: *Gesundheit aus der Apotheke Gottes.* Steyr 2022.

Treben, Maria: *Heilkräuter aus dem Garten Gottes.* Steyr 2022.

Winter, Emmerich (Herausgeber): *Heilkräuter – Geschenke Gottes für Deine Gesundheit.* Karlstein 1993.

Interessante Links

Hirt, Dr. Hans-Martin: »Artemisia annua anamed- Die Nobelpreispflanze«. *https://www.anamed-edition.com/de/neuigkeiten-anzeigen/artemisia-annua-anamed-die-nobelpreispflanze/.*

Schlutt, Uwe: »Pflanzeneinschleuser – Einschleusepflanzen«. *https://www.phytaro.de/pflanzeneinschleuser-einschleusepflanzen/.*

Storl, Wolf-Dieter: *https://www.youtube.com/watch?v=fe-_i21GRHM 21.05.2023/.*

https://www.kräuterkeller.de/.

https://www.die-moderne-Kräuterhexe.de/.

https://www.pflanzen-vielfalt.net/.

https://www.pflanzenalchemie.at/.

https://www.wildkräuterglück.de/.

https://www.mein-schoener-garten.de/.

https://www.nhv-theophrastus.de/.

https://www.fdhnrw.de/gesundheitstipps/hexenschuss/.

https://susanna-komischke.de/pflanzenwiki/.

https://meine.stimme.de/untergruppenbach/c-natur/ackerschachtelhalm-eine-plage-im-garten-aber-man-kann-ihn-auch-nutzen_a109259/.

https://www.zentrum-der-gesundheit.de/bibliothek/koerper/koerperfunktionen/bindegewebe

https://www.kostbarenatur.net/.

https://deine-ernaehrung.de/ackerschachtelhalm-limonade/.

https://www.pekana.com/de-AT/signatur-detail/d782b63c-847f-4b8c-8137-5ed35bc644a1/.

https://www.galileo.tv/gesundheit/wunden-ablecken-hilft-das-wirklich/.

https://mein-kraeuterkeller.de/spitzwegerich-samen-breitwegerich/.

https://barf-blog.de/hausapotheke-heilpflanzen-fuer-hunde/.

https://www.naturheilbund-europa.de/plantaginaceae-aus-der-familie-der-wegerich-gewaechse/.

https://www.kostbarenatur.net/die-wichtigsten-heilkraeuter-fuer-frauen-und-ihre-anwendungen/.

https://www.naturkraeutergarten.de/shop/samen-beifuss-einjaehrig/.

https://www.zentrum-der-gesundheit.de/ernaehrung/nahrungsergaenzung/heilpflanzen/beifuss/.

https://www.natura-naturans.de/paracelsusmedizin/nicholas-culpeper-und-die-astrologische-heilkraeuterkunde-von-max-amann/.

https://weltdergesundheit.tv/artemisia-annua-eine-unscheinbare-pflanze/.

Links zur Wirkung von Heilkräutern bei Corona

https://www.cochrane.de/news/sind-medikamente-die-interleukin-6-blockieren-wirksam-gegen-covid-19/.

https://www.medicoconsult.de/interleukin-6_il-6/.

Bildquellen

Adobe Stock: OpticalDesign(1), Cool Free Games(1), Ukrainian(10), teatian(18), zatletic(18), Andrey Popov(25), MuhammadAslam(27), kodbanker(27), Claudio Divizia(27), Надежда Урюпина(42), Tomasz(44), donatas1205(47), Memories Over Mocha(51), Aldona(60), epiximages(62), Martina(64), lesterman(64), wiwender(64), Tomasz(68), Marktl Robert(74), biggi62(75), Kamil_k2p(79), Guy Sagi(79), Ruckszio(91), katharinrau(99), barmalini(107), LianeM(108), Amy Lv(109), artemstepanov(111), Maryna(122), HalynaRom(123), Cora Müller(124), Julitt(131), Damian Pawlos(131), behewa(133), Dagmara_K(134), Mirco Vacca/

Wirestock Creators(140), Igor(147), teatian(149), silencefoto155), Heike Rau(156), Comugnero Silvana(158), happy_author(163), Mister G.C.(164), D. Ott(167), fotospirale(167), fotospirale(167), PRILL Mediendesign(168), eladstudio(169), Jane Vershinin(170), Markus(172), Paco Perpiñan(176), New Africa(177), azurita(180), Arkadiusz Fajer(184), uckyo(185), Iryna(186), Valerii Honcharuk(189), Viesturs Kalvans(190), Martina(190), Friedberg(191), Надежда Урюпина(192), shaiith(195), Bailey Parsons(196), Juergen Wiesler(205), luchschenF(205), womue(220), GCapture(220)

Eva Herman: (3, 8, 10, 11, 13, 14, 16, 17, 21, 23, 24, 25, 26, 28, 31, 32, 33, 34, 35, 36, 38, 45, 47, 48, 49, 50, 53, 54, 55, 56, 57, 59, 61, 63, 65, 66, 72, 76, 81, 83, 84, 86, 88, 90, 92, 93, 94, 98, 100, 101, 102, 103, 104, 106, 112, 113, 114, 118, 119, 120, 125, 126, 127, 130, 132, 135, 139, 141, 143, 145, 151, 152, 153, 157, 159, 162, 163, 165, 166, 171, 173, 174, 175, 176, 178, 181, 183, 187, 188, 189, 197, 199, 200, 202, 203, 204, 206, 207, 208, 209, 210, 211, 213, 214, 217, 218, 221, 222, 223, 224, 226, 227, 228, 229, 230, 233, 235, 237, 239, 240, 242, 243, 244, 245, 247, 248, 254)

Jourdan MacIntryre: (6, 7, 15, 22, 28, 29, 30, 34, 50, 77, 137, 179, 202, 208–209, 250)

Pixabay: susybaels(9), HelgaKa(60), NoName_13(70), gamagapix(71), monsterpong09(73), jggrz(74), Beeki(79), sweetlouise(100), karsten_madsen(117), Hans (121), DerWeg(129), ArmbrustAnna(182)

Wikimedia: Greyson Orlando(51), Shipher Wu (photograph) and Gee-way Lin (aphid provision), National Taiwan University(51), Amada44(51), Scot Nelson from Honolulu, Hawaii, USA(52), Schlaghecken Josef(52), Aammiinn11(58), Scott Bauer, USDA ARS(60), Retro Lenses (60), Tauno Erik(62), IronChris(63), Francisco Welter-Schultes(68), David Cappaert(69),Gilles San Martin from Namur, Belgium(69), Bernd Kirchberg(74), Frank Vassen from Brussels, Belgium(78), (80), Carl Axel Magnus Lindman(87), Köhler, Franz Eugen; Müller, Walther; Vogtherr, Max; Gürke, M;(97), Franz Eugen Köhler, Köhler's Medizinal-Pflanzen(105), Public Domain(116), Franz Eugen Köhler, Köhler's Medizinal-Pflanzen(128), Walther Otto Müller(138), Johann Georg Sturm (Painter: Jacob Sturm)(150)

Kopp-Verlag: (193, 194)

Cover: Jourdan MacIntryre

Autorin

Eva Herman ist Journalistin, Autorin und Verlegerin. Als ARD-Tagesschausprecherin in den Jahren 1988-2006 wurde sie einem Millionenpublikum bekannt. Gemeinsam mit Bettina Tietjen moderierte sie zehn Jahre lang die Talkshow »Herman & Tietjen« im NDR. Heute lebt Eva Herman an der Ostküste Kanadas und betreibt gemeinsam mit Andreas Popp eine Hobbyfarm mit mehreren Gewächshäusern und Hühnern. Seit über zwanzig Jahren beschäftigt sie sich mit der Kraft und Wirkung von Naturkräutern und mit alten Rezepten des Brotbackens.